Das FISCH-Buch

Ute Wilhelmsen

BOYENS

BOYENS
BUCHVERLAG

ISBN 978-3-8042-1277-0
© 2009 by Boyens Medien GmbH & Co. KG
Alle Rechte vorbehalten

Umschlaggestaltung: Dörte Kromrei unter
Verwendung von Fotos von Ulrike von
Hoerschelmann und Dirk Schories
Gestaltung: Alexandra Berkel
Illustrationen: Alexandra Berkel
Herstellung: Boyens Buchverlag
Druck: Boyens Offset, Heide
Printed in Germany

Die Welt der Fische

Sie sind uns näher, als wir denken: Fische taten den entscheidenden Schritt an Land und gründeten die Dynastien der Landwirbeltiere, zu denen auch wir gehören. Im salzigen Mini-Ozean im Mutterbauch durchlebt auch der werdende Mensch ein fischähnliches Stadium. Unsere Gene tragen das gemeinsame Erbe.

Wir betrachten sie nicht gerade mit Hochachtung, doch sie bringen uns viel Genuss – gebraten, gekocht, gedünstet, gedörrt, geräuchert, gegrillt, mariniert oder roh. Fische schrieben Geschichte und sorgten für den Aufstieg ganzer Nationen. Sie sind verankert in der christlichen Kultur, inspirieren Künstler und motivieren Manager. Die schnellsten, größten und teuersten unter ihnen stehen im Guinness-Buch der Rekorde. Fische haben viele Seiten. Viel Spaß beim Blättern!

Vor unserer Haustür schwimmen knurrende Hähne, eierlegende Hasen und Transvestiten, die genauso poppig sind wie Clownfisch Nemo. Der etwas andere Fischfinder stellt die 50 wichtigsten Arten in Nord- und Ostsee vor. Einfach und übersichtlich, aber immer mit einem erzählerischen Extra: Was verdanken die Hansestädte dem Hering? Wer steckt in Schillerlocke und Fischstäbchen? Was verbindet die Aalmutter mit dem Aal? Warum ist die Scholle platt? Warum haben es Piraten heutzutage auf Fische abgesehen?

Damit wir auch morgen noch frischen Fisch genießen können, müssen wir sorgsamer mit den Schätzen des Meeres umgehen. Zusammen können wir viel bewirken, wenn jeder beim Fischkauf die Augen aufhält. Wer Fische aus nachhaltigem Fang oder umweltverträglicher Zucht bevorzugt, muss nicht auf Genuss verzichten. Der Fischführer lotst Sie durch den Gräten-Dschungel.

Ein blutführendes Wassertier ohne Füße

Wie wir die Fische sehen
Was haben stressgeplagte Manager, amerikanische Motivationstrainer, biblische Geschichtsschreiber und chinesische Kaiser gemeinsam? Sie sind auf den Fisch gekommen. Eine kurze Geschichte von Googlefischen, Zwiebelfischen, Fastenfischen und Fischen im Glas.

Der Fisch ist ein
„blutführendes Wassertier ohne Füße, welches mit Flossen schwimmt, entweder mit Schuppen oder nackter, glatter, haarloser Haut bedeckt ist, beständig im Wasser lebt und niemals freiwillig auf das Trockene geht"
schrieb einst der englische Naturforscher John Ray (1628–1705).

Googlefische

Und heute? Welches Bild macht sich der moderne Mensch von einem Fisch? Ein Weg dies herauszufinden führt über die Internet-Suchmaschine Google. Also Bildersuche „Fisch" eingeben und staunen: Tauchbilder aus der farbenprächtigen Korallenwelt reihen sich aneinander, schnittige Hechte, silberne Heringsschwärme, markante Portraits von breiten Mäulern und Glotzaugen. Außerdem Fische im Aquarium. Besonders beliebt in der digitalen Welt sind Aquarien als Bildschirmschoner. Sie bieten (fast) alles und müssen nie geputzt werden. Sie vermeiden Familiendramen, da Liebling „Goldie" nur stirbt, wenn der Strom ausgeht und immer wieder zum Leben erweckt werden kann.

Maßgeschneidert für die Bedürfnisse moderner Manager ist der „Fischpool", ein Anti-Stress-Aquarium im Mini-Format mit wartungsfreien Plastikfischen. Die ziehen auf entspannende Weise ihre Kreise, wenn ihr Heim an die USB-Schnittstelle des Bürocomputers angeschlossen wird.

Die digitale Bilderwelt bietet außerdem Fischspeisen, Fischrezepte, Fischkunst, Fischkitsch und Spielfische für kleine und große Kinder. Letztere posieren mit der „Kärntner Rekordbachforelle" oder einem pfundigen Karpfen im Arm. Auf die leer-

Fische faszinieren

gefischten Ozeane verweist ein Bild von Greenpeace: Ein einsamer, kleiner Fisch steckt hilflos in überdimensionalen Netzmaschen.

Taucher bestücken das Internet mit faszinierenden Bildern aus der Unterwasserwelt.

Nur entfernt an einen Fisch erinnern das Parkettmuster „Fischgräte" und die Yoga-übung „Fisch", die angeblich die Schwimmtüchtigkeit verbessert. Ganz entrückt ist der Fisch aus dem Urlaubsfoto „Warten auf den Fisch". Hoffentlich hat sich das Warten für das Ehepaar im Garten eines südländischen Restaurants gelohnt.

Motivationsfische

Google sei Dank macht ein Knopfdruck sichtbar, welch ein facettenreiches Bild der moderne Mensch von dem „blutführenden Wassertier ohne Füße" hat. Und dass sich sogar eine Motivationslehre unter seinem Namen verkaufen lässt. Das funktioniert, indem man den Fisch ins Englische hievt und ihm ein Ausrufezeichen spendiert. „Fish! Ein ungewöhnliches Motivationsbuch" von Stephen C. Lundin, Harry Paul und John Christensen verheißt: „Bringen Sie Schwung ins Team!" Wie das funktioniert, erfährt Mary Jane. Sie wird Leiterin einer Abteilung, in der die Angestellten unmotiviert einen öden Job machen. Ein Besuch auf dem Fischmarkt von Seattle zeigt ihr, dass es auch anders geht – mit Fisch:

„Einer der Händler – sie trugen alle die gleichen weißen Schürzen und schwarzen Gummistiefel – schnappte sich einen großen Fisch, schleuderte ihn fünf Meter hinüber zum Ladentisch und schrie: ‚Ein Lachs auf dem Flug nach Minnesota!' Da wiederholten alle anderen Verkäufer im Chor: ‚Ein Lachs auf dem Flug nach Minnesota!' Der

Null Bock? Versuch's mal mit Fisch!

Kerl hinter dem Verkaufstresen fing den Fisch auf spektakuläre Weise mit einer Hand auf und verbeugte sich vor der applaudierenden Menge."

Fischhändler Lonnie erklärt: „Die Arbeit auf einem Fischmarkt ist kalt, nass und glitschig, es riecht nicht gerade angenehm

Auch Goethe hat sich Gedanken zum Thema Enthusiasmus gemacht und einen fischigen Vergleich gefunden:
„Frisches Ei, gutes Ei.
Enthusiasmus vergleich' ich gern
Der Auster, meine lieben Herrn,
Die, wenn ihr sie nicht frisch genoßt,
Wahrhaftig ist eine schlechte Kost.
Begeisterung ist keine Heringsware,
die man einpökelt auf einige Jahre."

und es ist eine ordentliche Plackerei. Aber zumindest haben wir die Möglichkeit, unsere Arbeitseinstellung zu bestimmen."

Fisch ist Philosophie

Und wenn die positiv ist, jeder mit Spaß und Enthusiasmus seine Fische verkauft und noch ein paar andere Zutaten stimmen, wird aus einem Haufen gewöhnlicher Fischhändler der weltberühmte „Pike Place Market" – und aus einer Ansammlung gelangweilter Büroangestellter ein hoch motiviertes Team. Soweit die „Fish!"-Philosophie.

Zwiebelfische

Weniger sinnstiftend sind die Zwiebelfische, die nach der Erfindung des Buchdruckes ihr Unwesen im Bleisatz trieben

und sich auch durch digitale Layoutverfahren nicht ausrotten ließen. Die Schriftsetzer und Buchdrucker bezeichnen so einzelne Buchstaben, die versehentlich in einer falschen Schrift erscheinen.

Neben den Zwiebelfischen machen uns auch die Kredithaie zu schaffen. Sprichwörtlich stumm wie ein Fisch sind manche Fischköpfe aus dem Norden, was nicht heißt, dass sie auch kalt wie ein Fisch sind. Sie können sogar munter wie ein Fisch im Wasser sein, aber auch so stur wie Stockfisch. Doch sie sind keine aalglatten Schleimer, die „fishing for compliments" betreiben. Hüten sollte man sich hingegen vor Menschen, die im Trüben fischen. Von solchen gehen der Polizei meist kleine, aber manchmal auch große Fische ins Netz. Die fühlen sich dann im Knast wie ein Fisch auf dem Trockenen und tun alles um wieder durch die Maschen zu schlüpfen. Nicht

Fisch sucht Fahrrad

vergessen sollte man auch, dass der Fisch vom Kopfe stinkt. Vor allem in Gegenwart von Backfischen fühlt sich ein Halbstarker wie ein toller Hecht im Karpfenteich.

Wer allein ist, kann bei „Fisch sucht Fahrrad" sein Glück suchen. Dieser wundersame Name für Single-Partys leitet sich ab aus dem Spruch „eine Frau ohne Mann ist wie ein Fisch ohne Fahrrad". So formulierte es einst die amerikanische Frauenbewegung, um mit dem alten Vorurteil aufzuräumen, eine Frau ohne Mann sei nur ein halber Mensch.

Religiöse Symbole: Im hinduistischen Glauben auf der Insel Bali kommt das Unheil aus dem Meer, dem Wohnsitz der bösen Geister.

Symbolfische

Doch Fische taugen nicht nur zu solchen Wortspielereien, sondern haben in vielen Kulturen eine tiefe Bedeutung, beispielsweise als Symbole der Fruchtbarkeit, aber auch des Todes. Der Fisch gilt als das Sinnbild Christi, da die Anfangsbuchstaben des griechischen „Iesous Christos Theou Hyios Soter" (Jesus Christus, Gottes Sohn, Erlöser) das Wort „ICHTHYS" (griechisch „Fisch") er-

Talisman für einen Backfisch. Bis in die 1950er Jahre nannte man so die jungen Mädchen, die heute als Teenager im Duden verzeichnet sind.

geben. Der Fisch symbolisiert außerdem das „Menschenfischen" der Apostel. Auf dem Fischerring, dem Amtsring des Papstes, ist der Apostel und Fischer Petrus mit einem Fischernetz abgebildet. Petrus ist auch der Schutzpatron der Fischer, denen

Fische sind christlich

man daher „Petri Heil" wünscht. Nach ihm ist der Petersfisch benannt, dessen charakteristische Flecken auf den Flanken folgende Legende erklärt: Als Jesus mit Petrus übers Wasser fuhr, fing Petrus einen Fisch, der in seinem Maul eine Münze hielt. Der Fisch gab jedoch einen so klagenden Laut von sich, dass der Apostel ihn wieder ins Wasser warf. An den Stellen, die er mit seinen Fingern berührt hatte, blieb jeweils ein schwarzer, gelb umrandeter Fleck auf dem Fischleib zurück.

Fastenfische

Der Fisch dient dem Christentum nicht nur als Symbol, sondern auch als die Fastenspeise schlechthin. Ein Wassertier könne nicht unrein sein, so die Begründung, da Gottes Fluch nach dem Sündenfall nur die

Fisch ist rein

Erde und nicht das Wasser getroffen habe. Besonders im Mittelalter galten strenge

Fastenregeln, die den Genuss von Fleisch, Milchprodukten und Eiern („flüssiges Fleisch") untersagten. Die Gläubigen fasteten an einzelnen Wochentagen, an den Tagen vor hohen Festen sowie während der Fastenzeiten. Wer am Freitag Fleisch verzehrte und sich dadurch verriet, dass köstlicher Bratenduft in die Nase eines Inquisitors stieg, dem drohten drakonische Strafen bis hin zum Tod am Galgen.

Bei ihren Fastnachtsmählern am Vorabend der Fastenzeit sollen die Ratsherren und die Zunftgenossen große Fleischberge vertilgt haben. Danach stand Fisch auf dem Speisezettel. Verbreitet weil billig waren

*Fisch kämpft
mit Fleisch*

vor allem Hering und Stockfisch (bretthart gedörrter Kabeljau). Noch heute versammeln sich die Narren in vielen Hochburgen der Fastnacht am Aschermittwoch zum Heringsschmaus oder Stockfischessen. Symbolisch wird das Ende der tollen Tage vielfach als Kampf zwischen Fleisch und Fisch, zwischen Prassen und Fasten dargestellt. Dann streiten Brathähnchen, Schweinehälften oder fette Würste gegen ein paar magere Heringe.

Doch zumindest bei den Wohlhabenden dürfte auch das Fasten nicht allzu entbehrungsreich gewesen sein. Um nicht von lieben Gewohnheiten lassen zu müssen, fertigte man Bratwürste oder Schinken aus Fisch an oder tischte sogar „Hirschbraten" aus Hecht und Karpfen auf. Der Kardinal von Bologna serviert seinen Gästen 1536 ein opulentes Zwölf-Gänge-Fastenmenü, unter anderem:

„Seesterne und Krebse in Wein gekocht, gekochte Seekrabben in weißer Tunke mit Granatapfelkernen, gekochte Rabenfische mit Majoran, Kabeljau auf spanische Art in Senfsauce, falsche Kalbsschnitzel aus gegrilltem Fischfilet, Thunfischauflauf sowie Lachs in Gelee, der nicht vom Schinken zu unterscheiden war."

Um den Fischbedarf auch im Binnenland zu decken, züchtete man Karpfen, Hechte und Forellen in Teichen und konservierte

Hering – der Fisch für das Volk.

Fastenspeise Hering.

dass ihre Haltung dem Kaiser und höchsten Würdenträgern vorbehalten war. Doch da sie sich erfolgreich züchten ließen und sich als robust genug erwiesen, um auch in so ungeeigneten Lebensräumen wie Porzellanvasen zu überdauern, begannen sie zwei

*Fische kreisen
im Glas*

Jahrhunderte später großflächig in die chinesischen Haushalte einzuziehen. Im 17. Jahrhundert kam der Goldfisch auch nach Europa. Zunächst als exklusives Luxusgut für die Aristokratie. Später verbreitete er sich in Zierbrunnen, Marmorbecken und in den Salons der Reichen und Vornehmen, wo er in bauchigen, enghalsigen Glasgefäßen seine endlosen Runden drehte. Dass es sich bei dem glänzenden Zimmerschmuck um ein hoch entwickeltes Wirbeltier aus der Karpfenfamilie handelte, interessierte kaum jemanden. So erfreute sich das Goldfischglas zunehmender Beliebtheit.

Seefische. Allen voran Hering, der mit Salz haltbar gemacht wurde. Als billige Massenware eroberte der Salzhering den karg gedeckten Tisch der Armen. Hecht, Lachs und Stör hingegen waren als „Herrenspeise" den Privilegierten vorbehalten.

Heute können die meisten Exemplare ein geräumigeres Zuhause genießen, denn der Goldfisch ist weltweit die Nummer eins auf der Hitliste der Fische für Brunnen und Gartenteiche. Neben den tiefrot geschuppten Tieren gibt es hunderte verschiedene Spielarten, die in teils monströsen Zuchtformen gipfeln wie Kometenschweif, Schleierschwanz, Löwenkopf, Teleskopfisch oder Himmelsauge. Seine Exklusivität hat der goldene Fisch allerdings verloren. Die teure Luxusvariante und Statusfisch der Moderne ist der japanische Zierkarpfen, der Koi.

Zimmerfische

Nicht nur zum Verzehr, auch zur Zierde hegt und pflegt man Fische schon seit alters her. Der Klassiker unter den schwimmenden Haustieren ist der Goldfisch. In China berichten die ältesten schriftlichen Überlieferungen von Goldfischteichen in der Zeit um 1000 n. Chr. Die goldenen Fische waren damals so kostbar und selten,

Fische gehören nicht ins Klo

Eigentlich eine Binsenweisheit. Oder doch nicht? Nachdem Disneys Animationsfilm „Findet Nemo" zum Kassenschlager und der Hauptdarsteller zum Kinderliebling avancierten, rauschten plötzlich orange-weiß gestreifte Clownfische durch die Abflussrohre. Warum? Im Film wird der junge Clownfisch Nemo von Tauchern gefangen und landet als Zierfisch in einem Aquarium. Nemo entkommt durch den Abfluss eines Waschbeckens und gelangt zurück in die Freiheit am Great Barrier Reef vor der Küste Australiens. Mit besten Absichten spülten daraufhin einige Kinder die Bewohner ihrer Aquarien ins Klo – in der Realität bedeutet das für Nemo und Co. den sicheren Tod.

Nach dem Film wollte alle Welt einen süßen Clownfisch haben – die artgerechte Haltung interessierte weit weniger. Dabei ist die Lebensgeschichte der poppig gewandeten Fische auch ohne Disney so spannend wie Kino. Sie leben im tropischen Korallenriff und suchen sich eine Seeanemone als schützende Behausung. Diese wehrhaften Blumentiere feuern ihre Nesselkapseln auf jeden Angreifer ab. Der lässt dann lieber von der Beute ab, anstatt sich das Maul zu verbrennen. Die Clownfische schützen sich mit einer speziellen Schleimschicht vor den nesselnden Tentakeln und nisten sich in ihrem Dickicht ein. Geboren werden sie alle als Männchen. Erst später wandelt sich pro Anemonen-Fischgemeinschaft einer in ein Weibchen um, das groß und dominant wird. Stirbt es, wandelt das ranghöchste Männchen sein Geschlecht um und beherrscht fortan die Gruppe. So ist die Fortpflanzung gesichert, ohne dass die Clownfische ihre schützende Anemone verlassen müssen.

![Aquarium tunnel with fish and visitors]

Fische faszinieren uns.

Erlebnisfische

In die Zimmeraquarien haben heute unzählige Fischarten aus fernen Ländern Einzug gehalten, neben denen der Goldfisch immer mehr verblasst. Kleine Süßwasser-

*Fische
sind uns nah*

welten werden ebenso kunstvoll nachgebaut wie tropische Küstenmeere. Im Großformat zeigen Erlebnis-Aquarien die Wunderwelt unter Wasser. Für viele Menschen, die den Fischen nicht hinterher tauchen können, ist der Blick durch die Scheibe die direkteste und faszinierendste Möglichkeit, mit den Wassertieren Kontakt aufzunehmen.

Kehrseite der Glashäuser: Um den Menschen solche Einblicke zu ermöglichen und damit auch das Bewusstsein für die Schutzwürdigkeit der Ozeane zu schärfen, werden insbesondere tropische Meeresfische in großem Stil aus ihren natürlichen Lebensräumen gefischt, darunter auch bedrohte

Arten. Wenn es also ein eigenes Aquarium sein soll: Lieber Süßwasserfische wählen, die häufig aus Zuchten stammen und außerdem einfacher zu halten sind.

Auch viele Großaquarien sind bestrebt, die Eingriffe in die Natur zu vermindern. Die erfolgreichen „Sea Life Center" beispielsweise setzen auf die faszinierende Vielfalt der heimischen Unterwasserwelt und verzichten auf bunte Exoten. Auch das Multimar in Tönning und das Ozeaneum in Stralsund präsentieren die Schätze vor der eigenen Haustür.

Menschenfische

„Halb zog sie ihn, halb sank er hin" – treffender als Goethe kann man die Verführungskünste der Nixen nicht beschreiben. Die betörenden Wasserweiber mit den schuppigen Fischschwänzen sind die eindeutigste Verbindung zwischen Mensch und Fisch. Doch sie gehören ebenso ins

*Fische
sind sexy*

Reich von Aberglauben und Legenden wie die Seeungeheuer oder der Teufel, der angeblich auch im Flügelrochen steckt. Viele Beschreibungen von Nixen und Seejungfrauen stammen aus dem Mittelalter. See-

Nah dran: Fische im Multimar.

Halb Fisch, halb Frau: Nixe am Stuhlmann-brunnen in Hamburg-Altona.

fahrer berichteten nach ihrer Rückkehr aus fernen Landen von schönen Zwitterwesen, halb Fisch, halb Frau. Doch nicht nur die Seemänner auf den Weiten des Ozeans spannen solch Nixengarn. Auf dem Rhein betörte die Loreley die Binnenschiffer mit ihrem Gesang. Auch die Sirenen aus der griechischen Sagenwelt sangen die Seeleute ins Verderben – einzig Odysseus und seine Gefährten konnten ihnen widerstehen und ihre Reise fortsetzen.

Die Naturwissenschaftler haben einen wahren Kern in diesen alten Erzählungen aufgespürt. Denn ganz abwegig ist die Verbindung von Mensch und Fisch nicht. Unsere Vorfahren haben einst im Schuppenkleid auf ihren Flossen das Land erklommen, das wir heute unser eigen nennen. In unseren Genen steckt noch der Fisch aus der Vorzeit. Genauso wie in allen anderen Wirbeltieren, die mit uns auf eine gemeinsame Abstammung zurückblicken.

Die wahren Abenteuer sind im Kopf (André Heller)

Die Wirklichkeit, die Wirklichkeit trägt wirklich ein Forellenkleid
und dreht sich stumm,
und dreht sich stumm
nach anderen Wirklichkeiten um.

Reich mir die Flosse, Genosse

Warum wir mit den Fischen verwandt sind

Die Wurzeln der Wirbeltiere liegen im Wasser. Die Fische taten den entscheidenden Schritt an Land. In ihre Fußstapfen trat später auch der Mensch. Das jedenfalls lehrt uns die Evolution – doch ein fliegendes Spaghetti-Monster ist anderer Ansicht.

„Und Gott sprach: Es wimmle das Wasser von lebendigem Getier, und Vögel sollen fliegen auf Erden unter der Feste des Himmels. Und Gott schuf große Walfische und alles Getier, das da lebt und webt, davon das Wasser wimmelt, ein jedes nach seiner Art ...".

Am Anfang war der Einzeller

Nach dem Alten Testament schuf Gott am fünften Tag die ersten Tiere, darunter so komplexe Wesen wie Fische und Vögel. Nach den Erkenntnissen der Wissenschaft begann das Leben viel einfacher: Mit simpel gebauten Einzellern, den Vorläufern der heutigen Bakterien. Sie entstanden vor etwa drei Milliarden Jahren im Urozean. Über zwei Milliarden Jahre lang gehörte ihnen die Erde. Dann erst begann sich das Leben zu entfalten. Die ersten vielzelligen Tiere treten als Fossilien in etwa 600 Millionen Jahre alten Gesteinen auf. Fische bevölkern seit über 400 Millionen Jahren das Wasser. Und sie taten als erste Wirbeltiere den entscheidenden Schritt an Land. In ihre Fußstapfen traten später die Amphibien, Reptilien, Vögel und Säugetiere – und vor etwa 2,5 Millionen Jahren der Mensch.

Aus unscheinbaren, einzelligen Urviechern im Ozean also entwickelte sich die ganze Vielfalt des Lebens. Auch unsere Entwicklungsgeschichte begann vor Milliarden Jahren mit ein paar Erbmolekülen in einer einfachen Hülle. Dafür gibt es zahlreiche wissenschaftliche Belege. Doch selbst in der aufgeklärten westlichen Welt ignorieren „Kreationisten" diese Fakten und erklären, dass die biblische Geschichte, der zufolge Gott die Natur und den Menschen vor ein paar tausend Jahren erschaffen hat, auch wissenschaftlich korrekt ist. Die Anhänger der Schöpfungsgeschichte sind vor allem in den USA stark vertreten und beeinflussen dort sogar den Biologieunterricht an den Schulen. Unter dem Titel „Intelligent Design" propagieren sie, dass ein höheres Wesen den Bauplan des Lebens kreierte.

Unsere Wurzeln liegen im Wasser.

Ein fliegendes Spaghetti-Monster

Der Physiker Bobby Henderson führte das „Intelligent Design" mit Humor ins Absurde. Er gründete eine eigene Religion, die an die Stelle Gottes ein fliegendes Spaghetti-Monster setzte. Daraus entstand eine erfolgreiche satirische Kampagne. Die Forderung der „Pastafarians": Wenn mit „Intelligent Design" schon eine religiöse Anschauung ohne wissenschaftliche Bele-

Schöpfungssatire: Ein fliegendes Spaghetti-Monster.

ge im Biologieunterricht gelehrt werde – dann bitte auch die Theorie vom Nudel-monster als Schöpfer allen Lebens.

Wer schuf
die Schöpfung?

Hendersons Glaubensbekenntnis:
„Ich und viele andere Menschen in aller Welt glauben fest daran, dass das Univer-sum von einem fliegenden Spaghetti-Monster geschaffen wurde. Es war es, das alles geschaffen hat, was wir sehen und fühlen. Wir sind überzeugt, dass die über-wältigenden wissenschaftlichen Beweise für einen Evolutionsprozess nichts als Zu-fall sind, die **Es** *hinterlegt hat."*

Schwachsinn? Nicht nur, denn Hender-son verwendet Argumente des „Intelligent Design". Seine Satire zielt darauf ab, die vor allem in den USA, aber auch schon in Euro-pa geführte, von Kreationisten erzwungene Debatte über die Darwinsche Evolutions-lehre ins Lächerliche zu ziehen. Denn Hen-derson und seine „Jünger" glauben nicht, dass Glaubensdinge in den naturwissen-schaftlichen Lehrplan gehören.

Der Fisch in uns

Also zurück zu den wissenschaftlich gesi-cherten Erkenntnissen über unsere Ur-sprünge. Zu dem Fisch in uns. Denn auch der Mensch führt in seinen ersten Lebens-

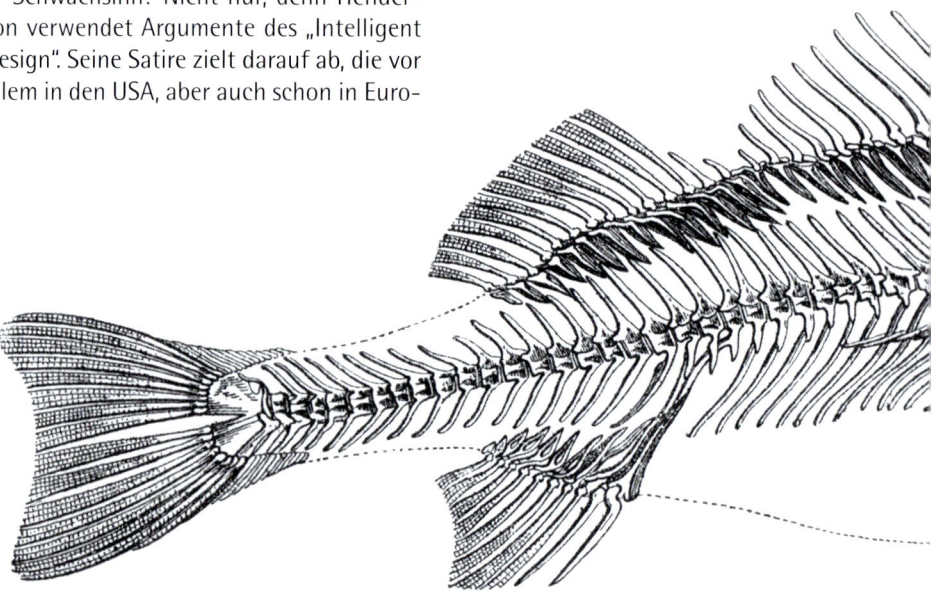

Gemeinsames Erbe: Die Wirbelsäule stützt alle Wirbeltiere.

monaten das Leben eines Fisches. Vor der Geburt schwebten wir schwerelos im Fruchtwasser, dem Mini-Ozean im Mutterleib. Die leicht salzige Flüssigkeit umhüllte, wärmte und schützte uns. Eine kurze Phase lang ähnelt der menschliche Embryo sogar

Der Ozean
im Mutterbauch

einer Fischlarve. Etwa einen Monat nach seiner Entstehung formt sich das Gewebe unterhalb des Kopfes zu Öffnungen, die wie Kiemenspalten aussehen. Das Hinterende des Keims endet in einem kleinen,

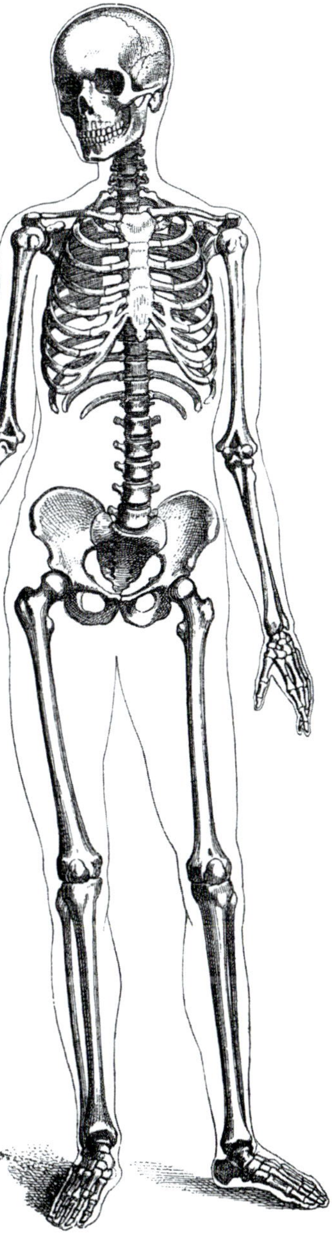

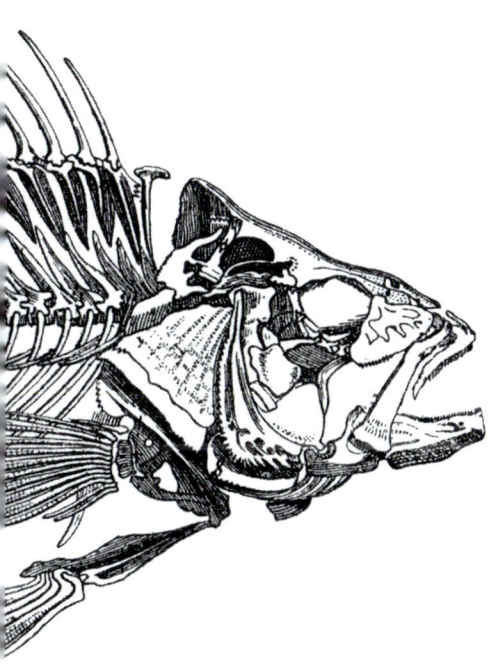

Kopflos: Das Lanzettfischchen erinnert an die Vorfahren der Wirbeltiere.

eingerollten Schwanz. Diese fischähnliche Phase haben alle Wirbeltiere gemeinsam, egal ob sie im Wasser oder an Land leben. Beim menschlichen Embryo verschwinden die Kiemenspalten innerhalb von zwei Wochen wieder. Eine Funktion haben sie nicht. Aber sie sind ein Fingerzeig auf unsere frühen Vorfahren: die urzeitlichen Fische, die sich aus dem Wasser wagten und die Dynastien der Landwirbeltiere gründeten, zu denen auch wir gehören.

Dass sich in der Entwicklung des Embryos im Mutterleib einige Kapitel der Entwicklungsgeschichte wiederholen, erkannte der deutsche Zoologe Ernst Haeckel bereits 1866. Die Gründe dafür liegen im gemeinsamen Erbe. Fisch und Mensch haben teilweise die gleichen Gene, dieselben Entwicklungsprozesse und Zelltypen. Wie eng die Verwandtschaft ist, ahnt wohl niemand, der fröhlich einen Rollmops oder eine gebratene Scholle verspeist. Erst recht nicht die Fischer, die ihre Sippschaft zentnerweise an Deck zerren, ausnehmen und schnellstmöglich einfrieren.

Am Anfang war kein Kopf

Kluge Köpfe fanden in Fossilien die versteinerte Botschaft: Der Ursprung der Wirbeltiere war kopflos. Am Beginn der mächtigen, Skelett tragenden Eroberer mit großen Gehirnen und scharfen Sinnen standen fischähnliche Wesen ohne Kopf. Sie ähnelten den noch heute lebenden Lanzettfischchen oder „Schädellosen". Diese wühlen stromlinienförmig und kopflos im Meeressand. Von vorne nach hinten durchzieht ein langer, biegsamer Stützstab ihren Körper. Aus diesem Stützstab ist im Laufe der Evolution die Wirbelsäule hervorgegangen, die uns heute aufrecht hält. Auch das Rückenmark – ein wichtiger Teil unseres Nervensystems – ist in einer einfachen Version bei den Schädellosen schon vorhanden.

Schädellose Vorfahren

Die Lanzettfischchen führen ein genügsames Leben. Sie recken sich aus dem Sand empor, saugen Meerwasser ein, filtern nahrhafte Schwebeteilchen heraus und pressen das verbrauchte Wasser wieder nach draußen. Ihr Dasein als lebende Wasserfilter erklärt, warum die „Schädellosen" auf einen Kopf verzichten: Um kleine Nahrungspartikel aus dem Wasser zu seien, ohne dabei umher zu schwimmen, sind weder hoch entwickelte Sinnesorgane noch ein großes Gehirn vonnöten. Ähnlich haben auch die kopflosen Vorfahren der Fische im Urozean gelebt.

Neun Augen und Millionen Jahre

Ein weiterer, noch heute lebender fischähnlicher Vertreter liefert Hinweise auf den nächsten Schritt in der Geschichte der Wirbeltiere: das Neunauge. Anders als die „Schädellosen" hat es einen Kopf. Doch zum echten Fisch fehlen ihm noch die Kiefer. Der Kopf des Neunauges endet in einem großen, runden Saugmund, der mit Hornzähnen bewehrt ist. Damit heftet es sich an die Flanken eines Fisches, raspelt mit seiner Zunge das Fleisch ab und saugt Blut.

Zwar erscheinen uns diese Blutsauger nicht sehr anziehend. Doch verdienen sie Respekt, denn ihre Vorfahren waren einst die fortschrittlichsten und geradezu revolutionären Bewohner der Meere. Überbleibsel von ihnen fand man in 540 Millionen Jahre alten Gesteinen.

Bei einigen dieser urtümlichen Fischvorfahren waren Kopf und Körper mit Knochenplatten gepanzert. Mit ihrem muskulösen Schwanz konnten sie sich im Wasser

Fische, die noch keine sind

fortbewegen, aber ihr schweres Vorderende drückte sie ständig nach unten. Seitliche Flossen zum Steuern fehlten. Sie konnten daher weder richtig schwimmen, noch mit ihren kieferlosen Mäulern erfolgreich jagen. Stattdessen fraßen sie Schlamm und saugten Wasser auf, filterten die verwertbaren Teile heraus und pressten den Rest durch die Spalten an ihren Flanken wieder aus dem Körper.

Doch sie überlebten und nahmen an Zahl und Vielfalt zu. Ihre dicken Knochenplatten dürften ihnen den dringend benötigten Schutz geboten haben, denn die Meere wurden von meterlangen Seeskorpionen beherrscht, die mit großen Scheren bewaffnet waren und die kleineren Bewohner des Meeresbodens fraßen.

Echte Fischköpfe haben Kiefer und können kraftvoll zubeißen.

Erfolgreiche Gebissträger

So blieb die Lage über Millionen Jahre. Doch allmählich entwickelten die neunaugenähnlichen Fischvorfahren revolutionäre Neuerungen. Feine Blutgefäße hüllten die

Das Zeitalter der Fische

Spalten an ihren Körperseiten ein, so dass diese nun auch als Kiemen zur Atmung taugten. Knochenbögen versteiften die fleischigen Pfeiler zwischen den Spalten und im Laufe der Jahrtausende wurde das erste Paar dieser Knochen allmählich klappbar und durch Muskeln beweglich. Die Tiere hatten Kiefer bekommen. Die knöchernen Schuppen in der Haut, die diese Kiefer bedeckte, entwickelten sich zu großen, scharfen Zähnen. Jetzt konnten sie kraftvoll zubeißen – die ersten echten Fische waren entstanden. Eine Wirbelsäule umschloss den primitiven Stützstab, weitere Knochen vervollständigten das innere Skelett. Die Fischköpfe waren mit Gehirnen ausgestattet, die viele Sinneseindrücke aufnehmen und komplexes Verhalten steuern konnten. Seitliche Flossen machten ihre Träger zu geschickten Schwimmern.

Auftrieb für schwere Knochen

Die Fische konnten nun hinter ihrer Beute herjagen und dann mit ihren zahnbewehrten Kiefern blitzschnell zuschnappen. Im urzeitlichen Ozean waren sie äußerst er-

Hai-Urahn: Gebiss kräftiger als T. rex

Die Fische haben nicht nur das Gebiss erfunden, sondern auch das mit dem stärksten Biss: Der gefährlichste Fleischfresser der Geschichte war ein ausgestorbener Vorfahre des Weißen Hais: Der 16 Meter lange *Carcharodon megalodon* schlug seine messerscharfen Zähne mit einer Kraft von 10,8 bis 18,2 Tonnen in seine Beute. Damit war er bis zu sechsmal so stark wie der berüchtigte *Tyrannosaurus rex* (3,1 Tonnen). Das haben australische Wissenschaftler berechnet.

Heute hat der moderne Weiße Hai mit bis zu 1,8 Tonnen die stärkste Beißkraft aller lebenden Tiere. Zum Vergleich: Ein großer afrikanischer Löwe kommt auf etwa 560 Kilogramm Beißkraft, während Menschen mit höchstens 80 Kilogramm zubeißen.

folgreich und verdrängten nahezu all ihre kieferlosen Vorfahren. Nicht umsonst wird die Ära vor etwa 400 Millionen Jahren auch als das „Zeitalter der Fische" bezeichnet.

Immer schneller und besser wurde ihr Schwimmstil, immer vollkommener Form und Funktion ihrer Körper. Immer mehr Arten entstanden und die Fischgesellschaft spaltete sich in zwei große Gruppen. Die eine verlor fast den gesamten Knochenanteil ihres Skeletts und entwickelte stattdessen Knorpel, ein sehr elastisches und leichtes Material. Die Nachkommen dieser Gruppe sind die Haie und Rochen.

Die zweite große Fischgruppe behielt ihr Knochenskelett und brachte es bis heute zu einem enormen Artenreichtum. Den erforderlichen Auftrieb verleiht den Knochenfischen ihre Schwimmblase. Ein Luftsack, der über den Blutkreislauf mit exakt soviel Gas gefüllt wird, dass der Fisch ohne kräftezehrende Schwanzbewegungen in der jeweils gewünschte Wassertiefe treiben kann. Auf lebensrettende Weise nutzt auch der Mensch mit Schwimmwesten und -ringen die Vorteile einer Schwimmblase für sich.

Landgang: Schlammspringer fühlen sich unter und über Wasser wohl.

Festen Boden unter den Flossen

Einige Pioniere verließen im „Zeitalter der Fische" das Wasser und straften den englischen Naturforscher John Ray Lügen, der dem *„blutführenden Wassertier ohne Füße"* bescheinigte, dass es *„beständig im Wasser lebt und niemals freiwillig auf das Trockene geht."* Wären die Fische nicht auf das Trockene gegangen, hätten die Wirbeltiere nicht das Land besetzt und Ray seine Zeilen wohl nie geschrieben. Dass die Fische das Wasser verließen, ist keineswegs selbstverständlich. Wasser gab es genug und viele andere Tiergruppen haben gar keine oder nur wenige Angehörige, die jemals aus dem salzigen Nass an Land gekrochen sind.

Die entscheidenden Schritte taten Fische, die vor etwa 400 Millionen Jahren in Süßwassersümpfen lebten. Sie hievten sich aus dem Wasser und stiegen an Land. Dazu mussten sie Laufen und Luft atmen lernen. Noch heute lebt ein Fisch, dem beides gelingt: der Schlammspringer. Er ist allerdings nicht sehr nahe mit den Pio-

Fische, die im Schlamm springen

nieren von damals verwandt. Schlammspringer leben in tropischen Mangrovensümpfen und nutzen feuchten Schlamm, auf dem allerlei Kleintiere wimmeln, als reich gedeckte Schlemmertafel. Ihre Brustflossen sind zu kräftigen Stielen verwachsen, auf denen die Schlammspringer durch den Schlick robben können. Ihr

Schwanz dient dabei als Stütze. Derartige Flossen ähneln im Prinzip denen einer ganzen Gruppe primitiver Knochenfische, die in jener fernen Zeit des ersten Landgangs lebten.

Wie die Fische an der Luft atmen lernten, zeigt der Lungenfisch. Er übersteht die Trockenzeit in afrikanischen Sümpfen mit Hilfe von einfachen Lungen. Diese sind

Fische, die mit Lungen atmen

nichts weiter als zwei Luftsäcke, die sich vom Darmkanal öffnen. Ihre dünnen Wän-

de sind dicht mit Blutgefäßen durchzogen und nehmen gasförmigen Luftsauerstoff auf. So können die Lungenfische Luft atmen. Und das schon sehr lange, denn als „lebende Fossilien" haben sie sich seit Millionen Jahren kaum weiter entwickelt. Trotzdem sind sie bestens an ihre Umwelt angepasst.

Was aber trieb die urzeitlichen Fische dazu, ihr Element zu verlassen und den Landgang zu wagen? Vielleicht lebten sie wie die Lungenfische heute in Tümpeln, die manchmal austrockneten und benutzten Beine und Lungen, um neues Nass zu suchen. Vielleicht lockte sie wie die Schlamm-

Brückentier: Tiktaalik war Fisch und Landtier zugleich.

Säugetiere sind perfekt an das Leben an Land angepasst – baden tun sie aber trotzdem gern.

springer ein reich gedeckter Tisch, denn Würmer, Schnecken und andere Wirbellose hatten das Land bereits erschlossen. Es könnte aber auch die Leere gewesen sein, die sie anzog. Denn an Land bedrohten noch keine großen Raubtiere ihr Dasein. Was immer sie trieb, ihr Wagnis glückte und eine neue Welt lag vor ihnen.

Aus Fisch wird Fleisch

Wie aus den Flossentieren die ersten Vierbeiner entstanden, zeigen Fossilienfunde in der kanadischen Arktis. Gleich drei Exemplare eines krokodilähnlichen Fisches namens *Tiktaalik roseae* klopften Forscher bei Minusgraden und peitschendem Wind aus den eisigen Felsen von Ellesmere Island. *Tiktaalik* bedeutet in der Sprache der Inuit-Bewohner der Insel „großer Flachwasserfisch". Doch der schlichte Name trügt: Der

*Ikone
der Evolution*

über zwei Meter lange fossile Fisch wird als eine „Ikone der Evolution" gefeiert. Ähnlich wie der berühmte *Archaeopteryx* den Übergang vom Reptil zum Vogel markiert, verkörpert *Tiktaalik* eine Brücke zwischen Fisch und Vierbeiner. Er ist nicht Fisch und nicht Fleisch. Schädel, Hals, Rippen, Schulterknochen, Ellenbogen und Handgelenk-Ansätze weisen *Tiktaalik* als Landtier aus, während seine Flossen, Schuppen und die primitiven Kiefer auf einen Fisch hindeuten (Abb. S. 29). Gelebt hat er vor etwa 375 Millionen Jahren. In jener Zeit war die heute arktische Insel von subtropischem Klima geprägt und von flachen Flussläufen durchzogen. An deren Grund lebte der „große Flachwasserfisch", wenn er nicht gerade Ausflüge ans Ufer unternahm.

Der Schritt an Land ist einer der bedeutendsten Entwicklungsschritte in der Evolution. Danach ging es unaufhaltsam weiter. Die Flossen verwandelten sich in schnelle Laufbeine, Flügel entstanden.

*Der Schritt
an Land*

Statt Schuppen bedeckten Haut, Haare oder Federn die Körper. Alle Lebensfunktionen passten sich immer vollkommener an

das Leben an der Luft an. Auch der Nachwuchs kam allmählich ins Trockene. Während Frösche und andere Amphibien ihren Laich noch ins Wasser legen und als Kaulquappen umherschwimmen, bevor ihnen kleine Beinchen wachsen, legen Reptilien und Vögel ihre Brut bereits in dickschaligen Eiern an Land ab und die Säugetiere schützen ihre Jungen im Mutterleib.

Doch Dreiviertel der Erde gehören immer noch den Fischen. Denn Dreiviertel der Erdoberfläche sind von Gewässern bedeckt.

Volkszählung der Fische

Trotz ihres Erfolges an Land schwimmt die große Mehrheit der Wirbeltiere nach wie vor im Wasser. Auch wenn man alle Arten der übrigen Wirbelsäulenträger zusammenzählt, liegt die Summe immer noch

*Viele Arten,
wenig Genossen*

unter der immensen Artenvielfalt der Fische. Über 25 000 Fischarten tummeln sich fast überall dort, wo es Wasser gibt. Ein Grund dafür ist, dass der Ozean der größte und älteste Lebensraum ist, in dem alles Leben begann. Außerdem ist Wasser nicht nur nass und wahlweise warm oder kalt, sondern höchst vielfältig. Jeder Fisch kann darin seine ganz eigene Nische finden. Manche mögen ihr Wasser süß, andere salzig, mache beides. Einige lieben heiße

Mensch und Fisch:
Faszination
und Bedrohung.

Quellen, andere zieht es in die eisigen Gewässer der Antarktis. Spezialisten sind bis in die höchsten Gebirgsbäche des Himalaya und der Anden vorgedrungen.

Besonders viele Fischarten beherbergen die tropischen Korallenriffe. Während die dort ansässigen Clownfische und andere bunte Gesellen nicht nur der Wissenschaft, sondern auch unzähligen Hobbytauchern bestens bekannt sind, verbirgt die Tiefsee ihre Bewohner. Bei ihren „Volkszählungen" finden die Meeresforscher auch heute noch zahlreiche, bisher unbekannte Fischarten, die im ewigen Dunkel bei eisiger Kälte und hohem Druck in mehreren Kilometern Tiefe leben. Doch während die Artenliste der Fische durch diese Funde länger wird, setzt der Mensch den Rotstift an. Arten verschwinden, wenn ihre Lebensräume zerstört oder verschmutzt werden. Wenn ihnen eingeschleppte Konkurrenten oder der Fischhunger der Menschheit zu sehr zusetzen. Viele beliebte Speisefische sind zwar als Art noch vorhanden, aber die Zahl der Artgenossen ist bedenklich geschrumpft.

Guinness und Wasser

Wenn Fische auf Rekordkurs schwimmen

Extremisten aller Art versammeln sich im Guinness-Buch der Rekorde. Mit dabei die schnellsten, größten, giftigsten und teuersten Flossentiere der Welt.

Die schnellsten Fische

Mit einer Spitzengeschwindigkeit von runden 110 Stundenkilometern schwimmt der Indopazifische Fächerfisch, auch Segelfisch genannt, allen anderen davon. Auch das schnellste Landtier kommt da nicht hinterher: Der Gepard läuft ein Höchsttempo von rund 100 Stundenkilometern. Dem Rekordschwimmer dicht auf den Fersen (pardon: an der Schwanzspitze) sind der Blaue Marlin mit 100 Stundenkilometern und der Schwertfisch mit 90 Stundenkilometern. Blauhai, Makohai und Thunfisch erreichen etwa 70 Stundenkilometer.

Fächerfisch, Marlin,
Schwertfisch

Alle Schnellschwimmer haben perfekt stromlinienförmige Körper mit einer zweiteiligen Schwanzflosse. Viele Muskeln setzen hintereinander an der Wirbelsäule an, so dass der Schwanz schnell hin und her schlagen kann. Die Muster der Fischschuppen und ganz besonders die „genoppte" Hautstruktur von Haien sind darauf optimiert, den Schwimmer noch schneller zu machen. Ebenso die Schleimschicht auf der Fischhaut, die den Reibungswiderstand herabsetzt. Die Kiemendeckel liegen dicht

Die perfekte
Stromlinienform

am Körper, auch die Augen ragen nur wenig hervor. Brust-, Bauch- und Rückenflossen spielen beim Antrieb keine Rolle, sondern dienen als Ruder, Stabilisatoren und Bremsen. Wenn der Fisch schnell schwimmt, klappt er die Flossen in passgenaue Aussparungen der Körperoberfläche. Weil

Schnell weg

Auch die schnellsten Fische bleiben verdutzt zurück, wenn ihre Beute plötzlich abhebt. Fliegende Fische machen sich diesen Überraschungseffekt zunutze. Sie schlagen kräftig mit ihrer Schwanzflosse, schnellen aus den Wellen und breiten ihre großen Brustflossen aus. Auf diesen Tragflächen gleiten sie wie kleine Segelflugzeuge durch die Luft. Über 200 Meter weit können sie segeln und ihren Verfolgern elegant entkommen. Eines haben sie allerdings nicht bedacht: Das hohe Schiffsaufkommen in modernen Zeiten. So landen sie bei ihren Fluchtflügen manchmal direkt an Deck und wenig später in der Pfanne.

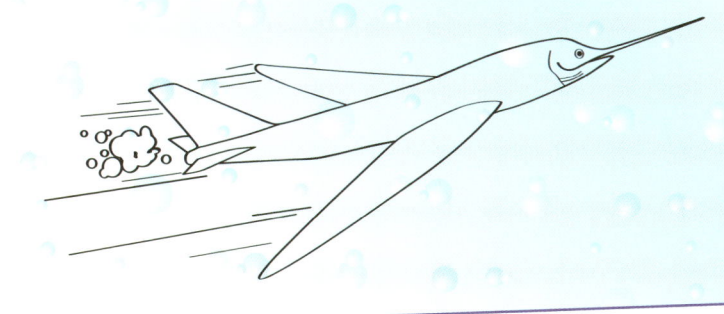

Wasser etwa tausendmal dichter als Luft ist, bremst jeder Höcker oder Vorsprung des Körpers die Geschwindigkeit – viel stärker als bei einem Flugzeug oder einem Vogel.

Alle Fische, die im offenen Meer jagen oder gejagt werden, haben sich diese perfekte Schwimmform zugelegt. Auch Arten aus ganz unterschiedlichen Fischfamilien ähneln sich daher, sofern sie auf Schnelligkeit als Überlebensstrategie setzen. Über Jahrmillionen haben sich Körperform und Funktion immer besser an das uferlose, silbrig-blaue Hochsee-Dasein angepasst.

Die langsamsten Fische

Sie tun alles, um nicht von der Stelle zu kommen: Seepferdchen benutzen ihren Schwanz nicht als Antrieb, sondern als Anker, mit dem sie sich an den Wasserpflan-

See-
pferdchen

zen in ihrer kleinen Welt festhalten. Sie bewegen nur ihre Rücken- und Brustflossen, um ihre Körper aufrecht zu halten. Das

Guinness-Buch bescheinigt den kleinen Pferdchen eine Langsamkeit von 0,016 Stundenkilometern.

Griechische Fischer glaubten einst, die Seepferdchen wären Miniatur-Fohlen der Pferde, die den Wagen des Meeresgottes Poseidon durch die Wogen zogen. Ebenso sagenhaft mutet auch die Fortpflanzung der Seepferdchen an. Bei ihnen werden die Väter schwanger und gebären die Kinder. Nach einem langen Heiratsritual, bei dem sich das Pärchen tanzend und mit leise klickenden Tönen umwirbt, legt das Weibchen mehrere hundert Eier in der Bruttasche des Männchens. Dort werden die Eier befruchtet, und der Nachwuchs reift heran. Nach einigen Wochen ist es soweit. Zoologen sprechen von Wehen, wenn der werdende Vater die kleinen Seepferdchen aus dem Leib presst. Das kann Stunden, sogar Tage dauern. Die meisten Paare bleiben ein Leben lang zusammen. Den Tag beginnen sie mit einem minutenlangen Tanzritual, die Schwanzspitzen eng ineinander verschlungen. Dann schwimmt jeder seiner Wege.

Schwangere Väter

Die Faszination, die Seepferdchen auf uns ausüben, wird ihnen leider auch zum Verhängnis. Millionenfach landen sie in asiatischen Ländern in Töpfchen und Tiegeln, weil ihnen Heilkräfte angedichtet werden. Ebenso sinnlos ist ihr Ende als Touristenkitsch, in Harz gegossen als Briefbeschwerer oder Schlüsselanhänger. So finden sich viele Arten von Poseidons Fohlen heute auf der Roten Liste bedrohter Tierarten.

Die größten Fische

Er ist der Größte: Der Walhai wird bis zu 14 Meter lang und erreicht ein Gewicht von mehreren Tonnen. Damit schlägt dieser zu

Gigantischer Walhai

den Knorpelfischen zählende Riese jedes noch lebende Landtier und wird nur von den echten Walen übertrumpft. Der Blauwal etwa kann über 30 Meter lang werden und weit über 100 Tonnen wiegen. Wie die Giganten unter den echten Walen filtert auch der Walhai ganz harmlos Krebstiere und kleine Fische aus dem Wasser.

Unter den Knochenfischen teilen sich zwei bemerkenswerte Meeresbewohner den Titel größter Fisch: Der Riemenfisch ist ihr längster und der Mondfisch ihr schwerster Vertreter. Riemenfische haben einen schlangenförmigen, über zehn Meter langen, silberfarbenen Körper mit einem leuchtend roten Flossensaum am Rücken. Wahrscheinlich sind einige

Bandlanger Riemenfisch

Schauergeschichten über riesige Seeschlangen der Begegnung mit diesem ebenfalls völlig harmlosen Fisch zuzuschreiben, der kleine Krebse, Fische und Kalmare frisst.

Statt lang wie ein Riemen ist der Mondfisch rund wie eine Scheibe. Er misst bis zu drei Meter in der Höhe und zweieinhalb

Meter in der Länge. Dazu bringt er rund zwei Tonnen Lebendgewicht auf die Waage. Die Schwanzflosse fehlt ihm fast völlig, auch die Brustflossen sind klein. Nach oben und unten hingegen ragen eine enorme Rücken- und Afterflosse hervor. Das Maul

Scheibenförmiger Mondfisch

ist sehr klein und vier Zähne sind zu Knochenplatten zusammengewachsen, die eine Art Schnabel bilden. Mit ihrer ungewöhn-

Die meisten Fischeier

Der Mondfisch produziert noch einen weiteren Rekord: Mehr als 300 Millionen Eier gibt ein weibliches Exemplar in einem einzigen Laichvorgang ab – mehr als jedes andere Flossentier. Die Larven sind kaum größer als zwei bis drei Millimeter und müssen das 60-Millionenfache ihres Körpergewichts bis zum Erwachsenenalter zulegen, um den Rekord auf der Waage zu halten.

lichen Optik wirken die Mondfische tatsächlich so, als ob sie von selbigem kommen. Ihr Name ist aber darauf zurückzuführen, dass sie nachts silbrig schimmern wie der Mond. Sie fressen gern Gelee in Form von Quallen und Salpen, aber auch Tintenfische, Schlangensterne und Krebse. Ihrer extrem dicken rauen Haut können die schlagkräftigen Giftharpunen der mit Nesselzellen bewehrten Quallen nichts anhaben. Ist eine Beute zu groß für seinen Mini-Mund saugt der Mondfisch ein paar Mal Wasser ein und spuckt kräftig aus, um den glibberigen Brocken zu zerkleinern.

Alle drei Giganten der Ozeane sind harmlose Riesen, die sich mit kleinen Fischen, Plankton oder Quallengelee zufrieden geben. Ganz anders der Rekordhalter aus der Kategorie der großen Jäger:

Der Weiße Hai

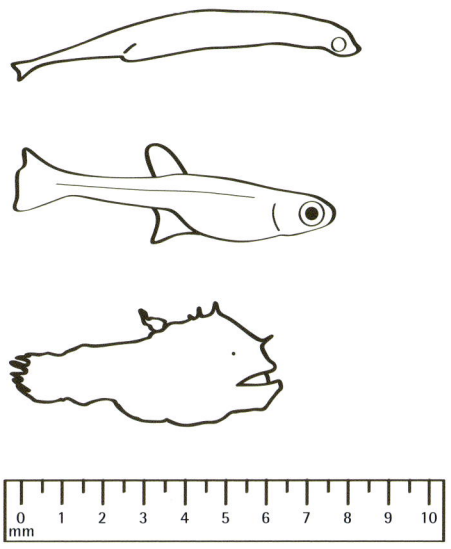

Der größte Raubfisch ist der Weiße Hai. Ausgewachsene Exemplare können über sieben Meter lang werden und gehören zu den am meisten gefürchteten Meerestieren. Beinamen wie „der weiße Tod" oder „Menschenfresser" sprechen Bände. Besonders geschürt hat Steven Spielberg die Hai-Hysterie mit seinem Kinofilm „Der Weiße Hai" von 1974. Der Kassenknüller machte den Raubfisch zu dem blutrünstigen Schurken schlechthin. Dabei sind Haiangriffe selten. Anders als in der Hollywood-Version jagt der Weiße Hai im wirklichen Leben Fische, Tintenfische, Delphine, Seehunde und Tümmler.

pinguis aus der Familie der Schindlerfische, der verschiedene kleine Korallenfische angehören.

Schindleria: klein

Die kleinsten Fische

Der kleinste Fisch der Welt ist naturgemäß schwer zu entdecken. 2004 ging eine aussichtsreiche Kandidatin durch die Presse: Ein geschlechtsreifes Weibchen, 8,4 Millimeter kurz, nahezu durchsichtig, gefangen am australischen *Great Barrier Reef*. Die Wissenschaft klassifizierte und beschrieb die kleine Sensation als *Schindleria brevi-*

Anfang 2006 machte ihr ein mückengroßer Vertreter der Karpfenfamilie seinen Rekord streitig: Das kleinste geschlechtsreife Weibchen von *Paedocypris progenetica* maß gerade einmal 7,9 Millimeter und unterbot damit den bisherigen Winzigkeitsrekord um einen halben Millimeter.

Zuhause ist der Mini-Karpfen *Paedocypris* in den Regenwäldern der indonesischen Insel Sumatra. Kaum entdeckt, ist er auch

Paedocypris:
kleiner

schon gefährdet, denn der Winzling kommt nur im seltenen Torfmoor-Wald vor, in dem die Bäume in meterdicken, weichen Torf-schichten verwurzelt sind, über denen das Wasser steht.

Doch nicht nur die Zerstörung seines Le-bensraumes bedroht den Rekordhalter. Im fernen Golf von Panama macht ihm ein Pa-rasit aus der Tiefsee den Titel streitig. Es ist

Spiniceps: am
kleinsten?

das Männchen des Tiefseeanglerfisches *Spiniceps photocorynus*, das parasitisch auf seinen Weibchen lebt, um in den licht-losen Weiten der Tiefsee die Fortpflanzung zu sichern. Die gefundenen geschlechtsrei-fen Männchen bringen es auf minimalisti-sche Maße von 6,2 und 6,5 Millimetern Länge, während die mehrere Zentimeter langen Weibchen dagegen wie wahre Ko-losse anmuten.

Und der allerkleinste Fisch der Welt? Der ist vielleicht noch immer unentdeckt.

Die giftigsten Fische

Sie bescheren den Japanern kulinarischen Nervenkitzel und den auf ihre Zubereitung spezialisierten Köchen ein gutes Auskom-men. Die Rede ist von Kugelfischen, die als Fugu auf japanischen Speisekarten zu fin-den sind. Innereien wie Eierstöcke und Leber,

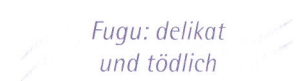

Fugu: delikat
und tödlich

aber auch die Haut verschiedener Kugel-fischarten enthalten ein starkes Nervengift namens Tetrodotoxin. Die tödliche Dosis für einen erwachsenen Menschen liegt bei ein bis zwei Milligramm. Das Muskelfleisch

hingegen ist ungiftig und – glaubt man den asiatischen Feinschmeckern – ein ganz besonderes Geschmackserlebnis. Roh zubereitet, als Sashimi in hauchdünne Scheiben zerlegt, soll die gefährliche Delikatesse zart und fest, sahnig und würzig zugleich sein. Vor allem aber ist der Giftfisch mit dem manchmal tödlichen Kick exklusiv und teuer – nicht ganz unwichtig für seinen Aufstieg zum Statussymbol.

Um sich gegen wasserlebende Fressfeinde zu verteidigen, nutzen die Kugelfische einen Mechanismus, der ihnen ihren Namen und ihr ungewöhnliches Äußeres beschert hat: Bei Gefahr pumpen sie sich in Sekundenschnelle so prall auf, dass ein Angreifer Maulsperre kriegt bei dem Versuch die Fischkugel zu schlucken. Dazu pressen kräftige Muskeln Wasser aus der Mundhöhle in eine sackartige Erweiterung des Magens. Außerdem stellen sich die Stacheln, die sonst eng am Körper anliegen, drohend auf. Gegen den Fugu-Hunger japanischer Snobs allerdings hilft auch diese Haltung nichts.

*Giftige
Steine*

Weniger bekannt als Fugu, aber umso giftiger sind die Steinfische. Einige ihrer Arten gehören zu den giftigsten Fischen überhaupt. Sie sehen aus wie harmlose Steine und lauern am Meeresgrund regungslos auf Beute. Doch das Gift ihrer Stacheln ist auch für den Menschen tödlich. Begegnen

kann man den lebenden Steinen im tropischen Indopazifik. Ein kleiner Trost: Die Steinfische setzen ihr Gift nur passiv zur Verteidigung ein.

Die teuersten Fische

Laut Guinness-Buch ist der teuerste Fisch ein Hausen, besser bekannt als Beluga-Stör. Er liefert die teuerste aller Kaviarsorten, den Beluga-Kaviar. 1924 wurde ein tonnenschweres Rekordexemplar gefangen,

*Störe: die Fische mit
den Edel-Eiern*

das 245 Kilogramm feinsten Kaviar enthielt. Heutzutage bringt das „Schwarze Gold" bis zu 3000 Euro pro Kilo, das wären 735 000 Euro für diesen einen Fisch. Allerdings ist heutzutage so ein Fang fast undenkbar, denn der Beluga-Stör, der das Kaspische und das Schwarze Meer sowie die einmündenden Flüsse bewohnt, hat keine Chance mehr groß und alt zu werden. Zu übermächtig ist der Druck der Fischerei. Wilderei und illegaler Handel blühen in den Staaten rings um das Kaspische Meer, die Beluga-Bestände sind dramatisch eingebrochen. Zu wenige Fische überleben in den Flüssen den Weg zum Ablaichen. Doch der „erlesene Rogen von silbriger Farbe und sahnigem Geschmack" enthält zugleich die heranreifenden Nachkommen für die Ernte von morgen. Wenn die Anlieger des Kaspischen Meeres nicht aufpassen, könnte es ihnen ergehen wie den Westeuropäern: Die mühen sich mit aufwändigen Zucht- und Wiederansiedlungsprogrammen, den Europäischen Stör in ihre Flüsse zurückzuholen, aus denen er im letzten Jahrhundert verschwand.

Doch neben die edlen Kaviarspender drängen sich immer mehr rekordverdächtige Fische, für die Feinschmecker mittlerweile astronomische Summen zahlen, weil

Seehecht:
schwarz und illegal

sie so selten geworden sind. Traurige Berühmtheit hat der Schwarze Seehecht erlangt, das „Weiße Gold" der Antarktis. Piratenfischer haben ihn fast ausgerottet und zu einem der teuersten Fische der Welt gemacht. Der Schwarze Seehecht lebt tief unten in den eiskalten Gewässern des Süd-

polarmeeres. Er wächst langsam und wird bis zu 50 Jahre alt. Noch in den 1970er Jahren kaum bekannt, stieg er in den USA zum Must-Have in Gourmet-Restaurants auf und wurde immer seltener und immer begehrter. Längst ist sein Fang deshalb weitgehend verboten. Doch für Piratenfischer lohnt sich die skrupellose Plünderung der Restbestände. Bis zu 100 Euro blättern Feinschmecker für eine Portion der raren Delikatesse hin, die mit hoher Wahrscheinlichkeit aus illegalem Fang stammt.

Dem Sushi-Hunger der asiatischen Welt verdankt der Blauflossenthunfisch, auch Roter Thunfisch genannt, seinen Platz auf

Thunfisch:
die Luxus-Happen

der Rekordliste der teuersten Fische und die Bezeichnung „Diamant des Meeres". Sein dunkelrotes fettreiches Filet ist als Sushi und Sashimi eine Delikatesse. Die Nach-

frage ist entsprechend groß. Für ein gut 300 Kilo schweres Exemplar wurden auf dem Fischmarkt von Tokio schon mehr als 100 000 Dollar gezahlt. Der Ruf als Luxushappen kommt der weltweit größten Thunfischart teuer zu stehen, die Bestände sind stark überfischt und gefährdet. Im Mittelmeer zum Beispiel werden fast nur noch kleine und junge Tiere gefangen, die vor dem Verkauf gemästet werden. Die Zahl der erwachsenen Fische ist innerhalb von 30 Jahren um 80 Prozent gefallen.

In der Büchse landen übrigens andere Thunfischarten wie der Weiße Thun. Deswegen ist der Dosenfisch (noch) billig zu haben.

Die lautesten Fische

Laute Fische? Das klingt ungewohnt, heißt es doch, der ist „stumm wie ein Fisch", wenn jemand partout seinen Mund nicht aufkriegt. Doch unter Wasser herrscht keineswegs eine „Welt des Schweigens". Im Gegenteil: Kaum ein Fisch gibt keine Ge-

Grunzende
Kabeljaue

räusche von sich. Fische knurren, grunzen, quieken, trommeln, zirpen, fauchen, zischen oder trompeten.

Wem dabei der Meistertitel im Krachmachen gebührt, ist nicht geklärt. Unter

anderem wohl, weil wir die lautstarke Verständigung unter Wasser zumeist gar nicht hören. Heiße Anwärter auf den Titel könnten liebestolle Kabeljaue sein, die während der Balz so laut grunzen, dass sie in den norwegischen Küstengewässern immer wieder die U-Boot-Sonare stören und das Navigieren dort fast unmöglich machen.

Konkurrenz kommt von der amerikanischen Atlantikküste. Die dort lebenden In-

Tutende
Lippfische

dianer glaubten einst, in jedem Frühling Geisterstimmen zu hören. Tatsächlich waren es balzende männliche Lippfische, die bis zu 30 Sekunden lang wie ein Nebelhorn tuten.

Doch auch die heimischen Heringe können ganz schön Krach machen, vor allem wenn sie in Schwärmen mit mehreren tau-

Pupsende
Heringe

send anderen Heringen unterwegs sind und alle durcheinander reden. „Reden" tun sie dabei auf sehr bemerkenswerte Weise: Sie drücken Luft aus ihrer Schwimmblase in ihren After. Sie pupsen also ihre „Wörter"! Mehrere Sekunden lang dauern die Pupstöne und gehen über drei Oktaven. Das heißt, Heringe können sehr tiefe, aber auch ganz hohe Töne erzeugen. Das können menschliche Sänger zwar auch, aber bei denen kommt der Ton nicht aus dem Popo.

Männer der schwedischen Marine haben mehrere Jahre lang feindliche U-Boote gesucht und nicht finden können, bis sie gemerkt haben, dass die Geräusche nicht von U-Boot-Motoren, sondern von pupsenden Heringen kommen.

Einen echten Rekord liefert der Piranha. Er verfügt über den schnellsten Muskel der Welt. Und wozu? Zum lautstarken Trom-

*Trommelnde
Piranhas*

meln! Die Piranhas lassen ihren Trommelmuskel wie eine Peitsche kräftig auf ihre Schwimmblase knallen. Und zwar so schnell

hintereinander, dass sie einen wahren Trommelwirbel damit erzeugen.

Die orange geringelten Clownfische können zwar nicht reden wie Filmfisch

*Knatternde
Clownfische*

Nemo, aber sie können blitzschnell hintereinander ihre Backenzähne aufeinander schlagen. So verteidigt der Clownfisch sein Revier. Kommt ein anderer Clownfisch und fordert ihn zum Kampf heraus, beginnen beide laut zu knattern, um den jeweils anderen mit ihrer Kraft einzuschüchtern.

Der Knurrhahn knurrt, wenn er sich bedroht fühlt. Grunzbarsche grunzen vor Aufregung. Weibliche Buntbarsche brummen, um lästige Männchen zu verjagen. Karpfen quietschen beim Fressen. Der Flösselhecht bellt, um anderen Fischen zu drohen. Die Liste ließe sich noch lange fortsetzen.

Können Fische hören?

Dass Fische Geräusche machen, hat natürlich nur Sinn, wenn sie auch hören können. Sie haben zwar keine Ohren, die man von außen sieht, aber sie haben ein Hörorgan im Kopf. Die meisten Fische nehmen den Schall außerdem mit der gesamten Körperoberfläche auf. Ähnlich wie wir bei ganz lauter Musik die tiefen Bässe auch auf der Haut spüren.

Wasser leitet Geräusche viel besser weiter als Luft. Ein leises Geräusch kann man also unter Wasser sehr weit hören. Deshalb ist der Lärm, den Menschen mit Bootsmotoren oder gar mit Wasserkraftwerken machen, für die Fische besonders schlimm.

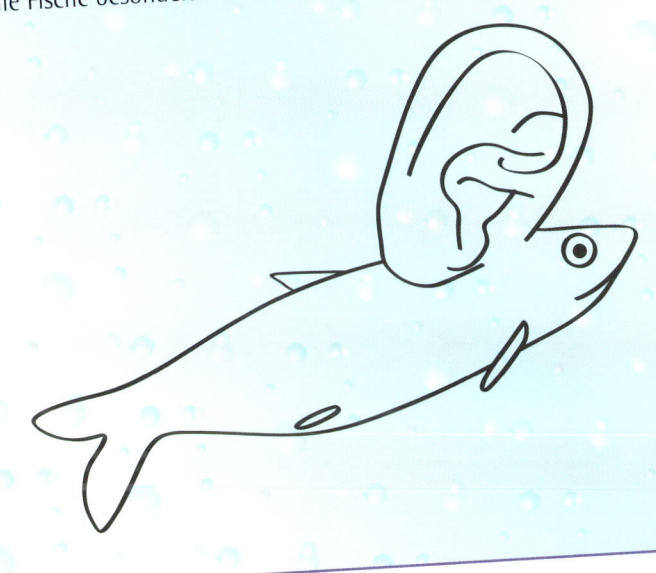

Wohnt hier das Fischstäbchen?

Fischfinder: Wer wirklich in Nord- und Ostsee lebt

In Nord- und Ostsee schwimmt das, was im Küstenurlaub auf den Speiseteller kommt? Weit gefehlt. Fischtheke und angrenzendes Meer haben meist nicht viel gemeinsam. Wer wirklich vor Deutschlands Küsten schwimmt, zeigen 50 Portraits von knurrenden Hähnen, eierlegenden Hasen und anderen Flossentieren.

Die Sache mit dem Salz

Die Ostsee ist für Meeresfische eine echte Herausforderung, denn Salz ist hier Mangelware. Stattdessen herrscht das Brackwasser, eine Mixtur aus Salz- und Süßwasser, die nur wenigen Tier- und Pflanzenarten wirklich gut bekommt.

Im Westen ist die Ostsee über die engen und flachen Verbindungen zwischen den dänischen Inseln mit der Nordsee verbunden. Unter bestimmten Wetterbedingungen strömen große Schübe von salzreichem Nordseewasser ein, sodass der Salzgehalt an der schleswig-holsteinischen Ostseeküste vergleichsweise hoch ist. Richtung Osten wird das Meersalz immer knapper, denn über 200 Flüsse versorgen die Ostsee zusätzlich mit Süßwasser.

Viele Meeresfische können zumindest in der westlichen Ostsee gut leben, einige sind ins Brackwasser eingewandert und bevölkern große Teile der Ostsee. In den Steckbriefen zu den einzelnen Fischarten sind die Verbreitungsgrenzen in der Ostsee angegeben, die sich an dieser Grafik orientieren.

In der Ostsee ist das Salz Mangelware.

Angaben der durchschnittlichen
Salzgehalte des Oberflächenwassers
im August

Färöer-Inseln

Shetland-Inseln

SCHWEDEN

FINNLAND

5 ‰

Bottnischer
Meerbusen

NORWEGEN

Åland-
inseln

6 ‰   5 ‰

Nördliche Ostsee

ESTLAND

30 ‰

Skagerrak

Mittlere
Ostsee

30–34 ‰

Limfjord Kattegat

20 ‰

Gotland

LETTLAND

DÄNEMARK

7 ‰

10 ‰

Öresund

Dänische
Belte   8 ‰

LITAUEN

Nordsee

Wattenmeer

8 ‰

Bornholm

Westliche Ostsee

10 ‰

GROSS-
BRITANNIEN

NIEDERLANDE

POLEN

BELGIEN

BUNDESREPUBLIK
DEUTSCHLAND

Meeresregionen der Ostsee mit Angabe der durchschnittlichen Salzgehalte des Oberflächen-
wassers.

Neunaugen

Fische, die gar keine Fische sind

Neunaugen sehen zwar so ähnlich aus wie Fische, haben aber weder Kiefer noch Flossenpaare (siehe Seite 25). Diese „Fische" sind also gar keine Fische. Sie gehören zur Gruppe der Rundmäuler, benannt nach ihrem runden Saugmund. Seit Millionen Jahren haben sich diese urtümlichen Viecher kaum verändert und zählen daher zu den „lebenden Fossilien". Ihr Körper ist lang und dünn, ähnlich wie der eines Aals. Ihr Erfolgsrezept im Kampf ums Dasein: Sie sau-

Lebende
Fossilien

gen sich an Fischen fest, raspeln mit ihren Hornzähnen Fleischstückchen ab und trinken Blut. Zum Sehen genügen ihnen zwei Augen. Ihre namensgebenden neun „Augen" sieht man von der Seite: je ein echtes Auge, die Nasenöffnung und jeweils sieben Kiemenöffnungen.

Die ausgewachsenen Meer- und Flussneunaugen leben im Meer. Zum Laichen wandern sie in die Oberläufe von Bächen und Flüssen, anschließend sterben sie. Nach dem Schlüpfen graben sich die blinden Larven (Querder) im Sand ein. Nur ihr Kopf guckt heraus und fischt Plankton aus dem Wasser. Nach einigen Jahren verwandelt sich ihr Körper und die nunmehr erwachsenen Tiere wandern zurück ins Meer.

Feinschmecker

Neunaugen sind seit alters her geschätzte Speisefische. Die kochende Zunft nennt sie Lampreten. Ihr Fleisch ist weiß und fein. Noch im 19. Jahrhundert wurden in Norddeutschland Hunderttausende von Lampreten gefangen, gebraten und mit Essig und Kräutern mariniert angeboten. Ein klassisches Lampretengericht ist die „Lamproie à la Bordelaise", bei dem die Fischstücke in einer Sauce aus Rotwein, dem eigenen Blut, Schinken, Porree, Zwiebeln und Knoblauch gedünstet werden. Doch heute sind die Fische, die gar keine sind, kaum noch auf dem Markt. Neunaugen stehen in Europa auf der Roten Liste der gefährdeten Arten. Die zunehmende Verbauung und Verschmutzung der Flüsse haben ihnen schwer zugesetzt.

Meerneunauge
Petromyzon marinus

Das Meerneunauge wird bis zu einem Meter lang, hat eine gefleckte Haut und trägt mehrere Kreise kleiner Hornzähne am Saugmund. Verbreitung: Nordsee und Ostsee bis Ålandinseln. Das Flussneunauge (*Lampetra fluviatilis*) wird höchstens einen halben Meter lang, hat keine Flecken und nur eine Reihe großer Zähne. Lebensweise und Verbreitung gleichen der des Meerneunauges.

Haie und Rochen

Die Leichtbaumodelle der Evolution

Ohne ihre innere Auftriebskugel, die Schwimmblase, würde die Mehrzahl aller Fische ganz schön schlapp am Boden liegen. Denn sie müssten ständig gegen das Absinken anschwimmen. Ein kräftezehrendes Unterfangen! Haie und Rochen gehören zu einer Fischgruppe, die keine Schwimmblase entwickelt hat. Sie haben einen anderen Weg gefunden, sich das Leben zu erleichtern. Statt schwerer Knochen stützt sie ein Skelett aus leichtem Knorpel.

Haie und Rochen haben keine Schwimmblase (Leopardenhai, Indischer Ozean).

Die ungewöhnliche Form der Rochen kommt dadurch zustande, dass die Brustflossen stark vergrößert und mit Kopf und Rumpfseiten zu einer Körperscheibe verwachsen sind (Blaupunkt-Stechrochen, Rotes Meer).

Die Fische in Leichtbauweise heißen daher Knorpelfische. Ganz ohne Knochengewebe kommen aber auch sie nicht aus: Es hat

Knorpel statt Knochen

sich in den Zähnen und auf der Haut erhalten. Bei den Haien ist die Haut von winzigen knöchernen Schuppen überzogen und fühlt sich rau wie Schmirgelpapier an. Bei den Rochen stechen diese Hautzähne als große Dornen hervor.

Und der Haifisch der hat Zähne . . .

Die echten Zähne der Knorpelfische stehen in mehreren Reihen hintereinander im Kiefer. Ist die vorderste Front abgenutzt, tritt die nächste Reihe in Aktion. Während die Rochen stumpfe Mahlzähne haben, mit denen sie Muscheln und Schnecken zerquetschen, haben viele Haie scharfe Zähne – scharf wie die berüchtigte Klinge von Mackie Messer in Brechts Dreigroschenoper. Doch trotz seiner Wehrhaftigkeit ist der Meeresräuber weitaus mehr durch den Menschen bedroht als umgekehrt.

Haie enden oft als Beifang.

Haiangriffe auf Menschen sind selten, nachweislich sterben im Jahr durchschnittlich etwa zehn Menschen weltweit bei Haiattacken – herunterfallende Kokosnüsse oder elektrische Weihnachtsbaumbeleuchtungen fordern mehr Opfer. Dagegen sterben nach Schätzungen von Experten jedes Jahr bis zu hundert Millionen Haie aller Arten – gewollt oder ungewollt als Beifang – in Netzen oder an Langleinen der kommerziellen Fischerei. Besonders grausam ist das „Finning". Dabei schneiden Fischer den Tieren die begehrten Flossen ab und werfen den verstümmelten Hai lebend wieder über Bord, wo er elendig zugrunde geht. Vor allem im asiatischen Raum findet Haifischflossensuppe reißenden Absatz. Die Schönheitsindustrie schwört auf Haiknorpel, aus dem sich hochwertiges Collagen gewinnen lässt.

Haie sind bedroht

Mittlerweile zählen Haie und Rochen zu den am stärksten bedrohten Tiergruppen überhaupt. Jede fünfte Art steht auf der Roten Liste. Überfischte Bestände erholen sich nur sehr langsam, denn Haie und Rochen werden spät geschlechtsreif und haben vergleichsweise wenig Nachkommen. Anstatt wie die meisten Fische Eier und Samen ins Wasser abzugeben, paaren sie sich und die Befruchtung findet im Körper statt. Viele Arten gebären nach einer mehrmonatigen Tragezeit vollständig entwickelte Junge. Andere legen Eier in Hornkapseln, die sie an Algen oder Steinen befestigen.

Haie undercover

Bei uns sind Haie häufig unter falschem Namen unterwegs. Als Schillerlocke oder Seeaal ist der Dornhai in den Fischtheken zu finden, genauer gesagt seine geräucherten Bauchlappen bzw. Rückenfilets. Und der Heringshai firmiert unter Pseudonymen wie Karbonadenfisch, Kalbsfisch oder Seestör. Die Originale sind in Nord- und Ostsee heute allerdings hoffnungslos überfischt. Die allgegenwärtigen Schillerlocken stammen daher meist nicht von dem Hai vor unserer Haustür, sondern von Tieren, die an der Ostküste der USA und Kanada gefangen wurden. Weil die Haibestände weltweit bedroht sind, sollte man die lieber nicht kaufen!

Schillers Locken

Schillerlocken sind enthäutete und geräucherte Bauchlappen des Dornhais. Beim Räuchern rollen und krümmen sie sich zu einer Form, die den Namensgeber an die Frisur Friedrich Schillers denken ließ. Schillers Locken waren außerdem Taufpate für ein tütenförmiges Gebäck aus Blätterteig. Diese Schillerlocken werden mit süßer Sahnecreme oder herzhaften Füllungen angeboten.

Schillerlocke

Gemeiner Dornhai
Squalus acanthias

Dornhaie werden über einen Meter lang und tragen vor ihren Rückenflossen je einen charakteristischen giftigen Dorn. Früher bevölkerten sie die Nordsee in großen Schwärmen, heute stehen sie auf der Roten Liste. Die Weibchen werden mit zwölf Jahren geschlechtsreif und bringen nach einer Tragezeit von fast einem Jahr vier bis acht Jungtiere zur Welt. Verbreitung: Nordsee bis Kattegat.

Klein gefleckter Katzenhai
Scyliorhinus caniculus

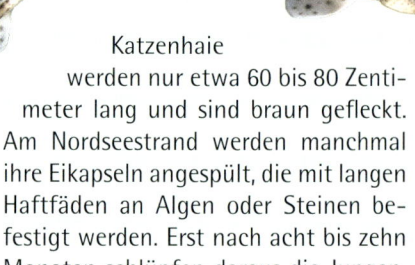

Katzenhaie werden nur etwa 60 bis 80 Zentimeter lang und sind braun gefleckt. Am Nordseestrand werden manchmal ihre Eikapseln angespült, die mit langen Haftfäden an Algen oder Steinen befestigt werden. Erst nach acht bis zehn Monaten schlüpfen daraus die Jungen. Verbreitung: Nordsee bis Kattegat.

An den Strand gespülte Eikapseln vom Katzenhai.

Nagelrochen
Raja clavata

Der Nagelrochen trägt zahlreiche große Dornen auf dem Rücken. Die Weibchen werden über einen Meter lang. Der Nagelrochen war einmal die häufigste Rochenart in den europäischen Meeren, heute gehört er zu den bedrohten Arten. Die großen Rochen sind von der intensiven Fischerei mit ihren engmaschigen Netzen besonders betroffen. Verbreitung: Nordsee bis Kattegat.

Sternrochen
Raja asterias

Der Sternrochen ähnelt dem Nagelrochen, hat jedoch weniger Dornen, die außerdem deutlich geriffelt sind. Er wird bis 90 Zentimeter lang. Am Nordseestrand findet man manchmal seine charakteristischen Eikapseln. Diese sind mit langen Haftfäden ausgestattet, mit denen die Eier an Algen oder Steinen befestigt werden. Die angespülten Kapseln am Strand sind meist leer, da der Embryo bereits geschlüpft ist. Verbreitung: Nordsee bis westliche Ostsee.

An den Strand gespülte Eikapseln vom Sternrochen.

Stör

Im Reiche des Schwarzen Goldes

Glück scheint Schwarzes Gold nur den wenigsten zu bringen. Das gilt für das immer teurer werdende Erdöl, dessen Verbrennung die Erde aufheizt, ebenso wie für das Schwarze Gold der Meere: den Kaviar. Seinen Erzeugern jedenfalls, den Stören, hat die Gier nach den Fischeiern mit dem Luxusappeal die Chance auf eine gesicherte Zukunft geraubt.

Noch im 19. Jahrhundert gab es zahlreiche Störe in Nord- und Ostsee und den einmündenden Flüssen wie Rhein, Elbe und Weichsel. Dann rotteten Überfischung und Umweltzerstörung den Stör in Deutschland aus. Dass dieser altehrwürdige Knochenfisch, der gigantische sechs Meter lang und über 100 Jahre alt werden kann, trotzdem seinen Platz in diesem Buch hat, beruht auf dem Prinzip Hoffnung: Wiederansiedlungs-

*Der Stör
kommt zurück*

projekte in Zuflüssen von Nord- und Ostsee sollen den Stör in seine alte Heimat zurückbringen.

Lebende Legenden

Falls das Experiment klappt, können wir uns auf einen faszinierenden archaisch anmutenden Mitbewohner freuen. Der Körper der Störe ist mit großen Knochenschildern gepanzert. Sie schwimmen bedächtig über den Grund, tasten ihn mit ihren Bart-

Jungstöre werden in der Elbe ausgesetzt (September 2008).

fäden nach Würmern, Weichtieren, Krebsen und kleinen Fischen ab, stülpen ihr kleines Maul wie einen Rüssel nach vorne und saugen die Beute ein.

Den größten Teil ihres Lebens verbringen die Störe im Meer. Zum Laichen steigen sie in die Flüsse auf und kleben Millionen dunkelgrauer Eier an Steinen fest. Anschließend wandern die Elterntiere wieder ins Meer zurück. Die Jungen folgen ihnen ein bis zwei Jahre später.

Stör
Acipenser sturio
Störe können bis zu sechs Meter lang und 400 Kilogramm schwer werden. Die Wiederansiedlung in den heimischen Flüssen fängt aber klein an.

Die echten und die falschen schwarzen Perlen

Kaviar, das „Schwarze Gold", ist gereinigter und gesalzener Rogen (Eier) von verschiedenen Stör-Arten, die hauptsächlich im Schwarzen Meer, Asowschen Meer und Kaspischen Meer gefangen werden. Den besten Kaviar liefert der Beluga-Stör oder Hausen. Um die überall stark bedrohten Wildbestände zu schonen, werden Störe zur Kaviarproduktion gezüchtet. Auch der orangefarbene Rogen von Lachsen und Forellen ist als Alternative zum echten Kaviar im Handel. Besonders schmackhaften Lachskaviar liefert der pazifische Ketalachs. Der Falsche oder Deutsche Kaviar wird aus dem Rogen eines Fisches namens Seehase gewonnen (siehe Seite 86). Erst mit Hilfe von würzenden Zusatzstoffen, Verdickungsmitteln und roten oder schwarzen Farbstoffen wird er zu einer Kopie des Kaviars.

Lachskaviar (rechts) und Deutscher Kaviar (links).

Hering

Der Fisch, der Geschichte schrieb

Was für ein Fisch! Er war der Speisefisch der Armen, die „Leinweberforelle", der „Schneiderkarpfen". In Holzfässern mit Salz dauerhaft konserviert, diente er ganzen Armeen und Besatzungen von Handels- und Kriegsschiffen als Proviant. Das „Silber des Meeres" zog in Schwärmen von Hunderttausenden oder gar Millionen durch Nord- und Ostsee. Brachte Fischer, Salzhändler und Böttcher in Lohn und Brot. Bescherte Hansestädten und Handelsnationen Macht und Einfluss. Die Bestände schienen unerschöpflich – solange bis die industrielle Fischerei zuschlug und den Heringsbestand fast völlig vernichtete. Glücklicherweise geizen Heringe nicht mit Nachwuchs, wenn man sie in Ruhe lässt, und versorgen uns heute wieder mit frischen grünen Heringen, zarten Matjes, deftigem Rollmops, goldbraunem Bückling und feinem Bismarckhering.

Aufstieg und Fall

Heringsfang hat in Nord- und Ostsee eine lange Tradition. Aus dem 12. Jahrhundert ist überliefert, dass sich die Meerenge zwischen Seeland und Schonen (der heutigen Region um Malmö) im Herbst so mit Fischen füllte, dass die Schiffe stecken blieben. Immer dann zogen riesige Heringsschwärme von der Nordsee zu ihren Laichgebieten in der südlichen Ostsee. Entsprechend florierte die schonische Heringsfischerei und machte auch das Lüneburger

Silber des Meeres.

Steinsalz zu einem begehrten Handelsgut. Schicht für Schicht legten die „Fischweiber" abwechselnd Heringe und Salz in Holzfässern ein. Macht und Einfluss der Hanse beruhten über Jahrhunderte auf der marktbeherrschenden Stellung im Heringssowie im Salzhandel.

Hering ist
der Fisch für alle

Bis Ende des 19. Jahrhunderts wurden Heringe meist mit Treibnetzen vom Segelboot aus gefischt. Nach der Einführung von Dampfschiffen und dampfbetriebener Winden zum Einholen der nunmehr maschinell geknüpften riesigen Netze stiegen die Erträge rapide an. In den 1960er Jahren holte die Heringsindustrie Rekorderträge aus Nordsee und Nordostatlantik. Anfang der 1970er Jahre war der einst größte Heringsbestand der Welt fast völlig vernichtet.

Musterknabe der EU

Es folgten Wechseljahre mit totalen Fangverboten, Bestanderholung und erneuter Überfischung. Der 1997 aufgestellte Managementplan machte den Nordseehering nach einigen schlechten Zeiten zum ersten Bestand in den Gewässern der Europäischen Union, der nach den Grundsätzen der Vorsorge bewirtschaftet wurde. Heute zählt der Hering wieder zu den empfehlenswerten Fischen (siehe Seite 122).

Der Schwarm

Wenn die Heringe in riesigen Schwärmen dicht an dicht durch Nord- und Ostsee ziehen, schimmern ihre silbernen Flanken. Eleganter als jedes Wasserballett schwimmen die Fische im Gleichtakt, bewegen sich wie ein einziger großer Über-Fisch. Dass den Flossentieren mit Leichtigkeit gelingt, was Synchronschwimmer mühevoll einstudieren müssen, liegt an einem besonderen Sinn, der uns Menschen fehlt. Fische haben ein Seitenlinienorgan, feine Öffnungen, die in einer Linie an den Flanken sitzen und miteinander verbunden sind. Damit nimmt der Fisch Veränderungen des Wasserdruckes wahr, wie sie etwa von seinen Schwarmgenossen ausgelöst werden.

Hering
Clupea harengus

Heringe sind schlanke Fische, die bis zu 40 Zentimeter lang werden können. Mit Hilfe ihrer reusenartigen Kiemen filtern sie kleine Krebse und andere Schwebewesen aus dem Wasser. Sie selbst sind eine begehrte Beute für viele Raubfische, Robben und Wale. Die Heringsweibchen laichen bis zu 50 000 Eier ab, die im Wasser befruchtet werden. Verbreitung: Nordsee und Ostsee bis Ålandinseln.

Kleines Heringswörterbuch

Vom eingesalzenen Arme-Leute-Fisch vergangener Tage sind die heutigen Heringe weit entfernt. Günter Grass setzte ihrer kulinarischen Vielseitigkeit in seinem Roman „Der Butt" ein literarisches Denkmal: Man kann sie „frisch verwenden, einsalzen, räuchern oder marinieren. Man kann sie kochen, braten, backen, dünsten, filetieren, entgrätet füllen, um Gürkchen rollen, in Öl, Essig, Weißwein, sauren Schmand legen ..."

Als „Heringe" kommen allerdings nur die wenigsten Heringe auf den Speiseteller. Nämlich die mit dem Zusatz „grün" versehenen frischen Heringe, die man gebraten serviert. Grün sind die grünen Heringe allerdings nicht (höchstens hinter den Ohren), denn der Name soll „frisch, jung, unreif" bedeuten im Gegensatz zu den konservierten Salzheringen.

Matjes sind besonders zarte, milde Salzheringe, die durch Enzyme in einer Salzlake gereift sind. Sie werden im Mai und Juni gefangen, wenn die Tiere sich fett gefressen, aber noch keine Eier oder Spermien ausgebildet haben. Der Begriff Matjes ist eine Abwandlung vom niederländischen „Maagdenharing", also „Jungfernhering", und bezieht sich auf die geschlechtliche Unreife der gefangenen Heringe.

Rollmops gilt als Berliner Erfindung. Daher wundert es nicht, dass diese aufgerollte Heringsvariante in Form und Aussehen mit Mops, der Hunderasse, verglichen und kurzerhand auch so benannt wurde. Rollmops ist ein klassisches Katerfrühstück, denn die dafür genutzten Heringslappen werden in Essigmarinade eingelegt bevor sie mit Gewürzen, einem Gurkenstück oder einer Zwiebel in der Mitte aufgerollt und mit einem Holzspieß fixiert werden.

Bismarckhering ist quasi ein ungerollter Rollmops, wird also ebenfalls in eine saure Marinade aus Essig, Speiseöl, Zwiebeln, Senfkörnern und Lorbeerblättern eingelegt. Der Name geht auf den deutschen Reichskanzler Otto von Bismarck zurück, der diese Art Hering angeblich sehr geschätzt haben soll.

Bückling, Bücking, Pökling ist ein leicht gesalzener und geräucherter Hering. Die Haut wird beim Räuchern goldbraun. Der Name erinnert an die Zubereitung: pökeln, also haltbar machen durch Einsalzen.

Lachs

Die edlen Wilden und die Schweinemast im Meer

Er sei der „prächtigste, tapferste und tüchtigste aller Fische", befand David Attenborough in seinem Buch „Das Leben auf unserer Erde" und meinte damit den Lachs. Allerdings wohl kaum die heutige gemästete Farmvariante, das „Schwein des Meeres", sondern die edlen Wildlachse, die einst in großer Zahl flussaufwärts zogen. Tapfer und tüchtig überwanden sie die reißende Strömung, sprangen kraftvoll über Wasserfälle, schwammen unbeirrbar dorthin zurück, wo sie einst aus dem Ei geschlüpft waren. Vergangenheit, denn giftige Abwässer, Kanalisierung und Staustufen rückten im 20. Jahrhundert den anspruchsvollen Fische zuleibe und vertrieben sie aus den hiesigen Flüssen. Heute bemüht man sich um ihre Wiederansiedlung, baut ihnen Fischtreppen und setzt Babylachse in den oberen Flussläufen aus.

Reiselust

Tausende von Kilometern wandern die Lachse durch den Ozean zurück zu ihren Heimatflüssen – bis zu 100 Kilometer täg-

Wilde Lachse im Fluss schwimmen gegen die Strömung (Alaska).

lich. Mit kräftigen Schwanzschlägen überspringen sie meterhohe Hindernisse. Eine Strapaze, bei der die mit Fettreserven vollgetankten Laichtiere bis zu 40 Prozent ihres Gewichts verlieren.

Leben auf Wanderschaft

Den richtigen Weg erkennen die Lachse unter anderem am Geruch der Flüsse, den sie sich viele Jahre zuvor bei ihrem Weg ins Meer eingeprägt haben. So finden sie schließlich die seichte Stelle, an der ihre Eltern einst laichten. Und genau dort legen auch sie ihre Eier und Samen in den kiesigen Grund. Die jungen Lachse wachsen einige Jahre in ihrem Brutgewässer heran, verlassen dann mit der Strömung die Flüsse und schwimmen ins offene Meer hinaus.

Feine Sinnesorgane, große Kraft und Ausdauer ermöglichen dem „prächtigsten, tapfersten und tüchtigsten aller Fische" ein Leben auf Wanderschaft. Ironie, ausgerechnet diesen Fisch in die marine Massentierhaltung zu stecken und ihn zum „Schwein des Meeres" zu degradieren.

Lachszucht in einem norwegischen Fjord.

Das Küchenteam

Zu den lachsartigen Fischen gehören lauter Leckerbissen, die jeder Koch gerne um sich hat: Lachse, Forellen und Stinte. Sie alle haben eine zusätzliche kleine Fettflosse zwischen Rücken- und Schwanzflosse. In Nord- und Ostsee tummeln sich neben den atlantischen Lachsen auch Meerforellen (*Salmo trutta*) und Regenbogenforellen (*Oncorhynchus mykiss*), die Fischzüchter aus Nordamerika eingeführt haben, weil sie schnell wachsen und robust genug für die Massentierhaltung sind. Regenbogenforellen werden in Netzkäfigen im Meer aufgezogen, entkommene Exemplare leben in Küstennähe. Im Handel taucht die Regebogenforelle auch als Lachsforelle auf. Dazu werden ihrem Futter Farbstoffe beigemischt, die dem grauweißen Fleisch eine lachsrote Färbung verleihen.

Die Stinte (*Osmerus eperlanus*) leben nahe der Küste und sammeln sich im März zum Laichen in den Flussmündungen. Heute werden in den zunehmend sauberen Flüssen wieder größere Mengen Stinte gefangen. Am leckersten sind sie, wenn sie frisch vom Fischer in der Bratpfanne landen. In großem Stil werden Stinte auch gezüchtet und zu Futter für Aquarien- und Terrarienbewohner verarbeitet.

Meerforelle

Regenbogenforelle

Lachs

Käfigfrust

Lachs ist lecker. Sein rötliches Fleisch schmeckt roh, gegart, gebraten oder geräuchert und enthält Omega-3-Fettsäuren. Die sind wichtig, finden wir, und verzehren Lachsprodukte gern und viel. Das funktioniert, weil Lachse massenhaft in Netzkäfigen gezüchtet werden. Dem Lachssteak sieht man seine Herkunft nicht an. Die typische Färbung des Fleisches futtert sich der Wildlachs durch Krebse an, die rote Karotine enthalten. Der Farmlachs kriegt dafür Farbstoffe ins Futter. Allerdings plagen ihn typische Begleiterscheinungen der Zivilisation: Bewegungsmangel, Verfettung, die Abhängigkeit von Medikamenten.

So bleibt der Lachsgenuss nicht frei von Nebenwirkungen: Die Meeresumwelt wird mit Abfällen belastet, die Zuchtlachse und ihre Parasiten bedrohen die Existenz der Wildlachse und – eigentlich paradox – die meisten Aquafarmen verstärken die Überfischung der Meere, weil sie weit mehr Futterfisch verbrauchen als Zuchtfisch erzeugen.

Lachsgenuss

Gibt es ihn trotzdem, den Lachs ohne Reue? Es gibt ihn – nur nicht als billige Massenware. Zertifizierte Biolachse etwa können in ihren Käfigen umherschwimmen, weil die Besatzdichten nicht so hoch sind. Sie sind daher weniger fett, das Fleisch ist fester und sehr lecker. Ihr Futter stammt aus nachhaltigen Quellen, beispielsweise Resten aus der Heringsverarbeitung. Biologisch gezüchtete Fische sind weniger anfällig für

Atlantischer Lachs
Salmo salar

Atlantische Lachse können bis zu anderthalb Meter lang werden. Die Wildbestände dieser Art sind geradezu unbedeutend gegenüber dem Zuchtlachsaufkommen. Die meisten Fischfarmen schwimmen vor Norwegen, Island, Irland und Schottland. Verbreitung: Nordsee und Ostsee bis Ålandinseln.

Krankheiten. Sie bekommen keine Hormone, Antibiotika oder Farbstoffe ins Futter. Auch auf die chemische Keule gegen Schimmel und Algenwuchs wird verzichtet. Das bedeutet, keine Rückstände gelangen ins Lachsfleisch und in die Meeresumwelt.

Außerdem sind nicht alle Wildlachse überfischt. Es gibt Bestände vom pazifischen Lachs, die so nachhaltig befischt werden, dass sie mit dem MSC-Siegel ausgezeichnet wurden (siehe Seite 118). Wenn Sie sich also etwas Gutes tun wollen, greifen Sie zu Bio-Lachs oder Wildlachs mit dem blauen MSC-Zeichen.

Aal

Die verschwundenen Babys

Aale sind ein alter Hut. Man fängt sie schon seit altersher mit Reusen aus den Flüssen und hängt sie in den Rauch. Und doch umgab die schlangenartigen, aalglatten Gesellen lange Zeit ein Geheimnis: Wie und wo werden sie geboren? Sie waren einfach da, Laich oder Larven waren nicht zu finden. Aristoteles orakelte, Aale würden von Erdwürmern geboren oder sie seien aus den *„Eingeweiden feuchten Schlammes"* geschlüpft. Hartnäckig hielt sich die Annahme, ein kleiner lebendgebärender Raub-

fisch namens *Zoarces viviparus* sei die „Aalmutter" – der Name überdauerte die Theorie und haftet bis heute an dem Fisch, der mit Aalen so gar nichts zu tun hat (siehe Seite 82).

Erst Ende des 19. Jahrhunderts begann sich das Geheimnis zu lüften. Ein kleines, durchsichtiges und wie ein Weidenblatt geformtes Fischchen, das die Wissenschaft als eigene Art eingeordnet hatte, outete sich als Larve des Aals. 1922 entdeckte der dänische Zoologe Johannes Schmidt, wo die Weidenblattlarven herkamen: aus den treibenden Tangwäldern der Sargassosee im Atlantischen Ozean südlich der Bermu-

Die Aalmutter ist nicht die Mutter der Aale.

Europäischer Flussaal.

das. Dort – über 4000 Kilometer von unseren Küsten entfernt – ist die Geburtsstätte der Europäischen Aale. Dort schlüpfen sie, die lang vermissten Babys.

Wanderer zwischen den Welten

Mit dem Golfstrom driften die Weidenblattlarven quer über den Atlantischen Ozean. Drei Jahre lang. Dann verwandeln sie sich in schlanke, etwa daumenlange

Glasaale und wandern in die europäischen Flüsse. Dort leben sie. Tagsüber in Schlamm oder Wurzeldickicht verborgen, im Dämmerlicht auf Suche nach Fressbarem – Krebsen, Fröschen, kleinen Fischen. Sechs

Lichtscheue
Gestalten

bis zwölf Jahre lang wachsen sie im Süßwasser heran und heißen nun Gelbaale.

Europäischer Flussaal
Anguilla anguilla

Der Flussaal zeichnet sich durch einen schlangenartigen Körper und schleimige Haut mit winzigen Schuppen aus. Charakteristisch ist auch der lange Flossensaum, den Rücken-, Schwanz- und Afterflossen zusammen bilden. Die weiblichen Tiere können einen Meter lang werden, die Männchen bleiben kleiner. Verbreitung: Nordsee und Ostsee bis Ålandinseln.

Dann verwandeln sie sich abermals: Ihre Augen werden größer, der Kopf spitzer, der Bauch silberglänzend. Sie werden zum Blank- oder Silberaal, hören auf zu fressen und wandern flussabwärts zurück ins Meer. Ihre großen Fettreserven (die sie zu idealen Räucherfischen machen) verbrauchen die Aale als Reiseproviant für den langen Weg durch den Atlantik bis zur Sargassosee, wo sie wie ihre Eltern laichen und danach sterben.

Der asiatische Aalhunger
Der Europäische Aal ist arg in Bedrängnis geraten. Hauptgrund ist die Überfischung. Vor allem der Nachwuchs, die Glasaale, wurden in großem Stil abgefischt und nach Asien exportiert. Dort gelten sie als besondere Delikatesse. So schrumpfte der Bestand des Europäischen Aals in 20 Jahren um mehr als 90 Prozent. In Gefangenschaft vermehren sich die Aale nicht. Daher müssen auch die Fischer in Deutschland junge Aale in ihre Gewässer einsetzen, um Jahre später ausgewachsene Tiere fangen zu können.

Alles Aal, oder was?

Neben dem Flussaal (*Anguilla anguilla*), den man aber auch im Meer antrifft, gibt es auch den Meeraal (*Conger conger*), der sich zum Glück nicht in Flüssen herumtreibt, sonst wäre die Verwirrung zu groß. Meeraale sind deutlich größer und schwerer als Flussaale, sie können über zwei Meter lang werden, leben an Felsenküsten und fressen Fische, Tintenfische und Krebse.

Meeraal

Meeräsche

Manche mögen's heiß

Schon gewusst? In der Nordsee verschwinden nicht nur Fischarten. Es kommen auch neue hinzu. Zum Beispiel die Meeräsche, die wir Norddeutschen früher bestenfalls vom Mittelmeerurlaub kannten. Noch in den 1960er Jahren tauchte die Dicklippige Meeräsche als seltener „Irrgast" auf, heute tummeln sich im Sommer sogar vor Deutschlands nördlichster Insel so viele, dass die „Sylter Meeräsche" zur regionalen Spezialität aufgestiegen ist. Die Äschen mögen das flache warme Wasser im Wattenmeer und finden hier reichlich Algennahrung.

Mit dem Klimawandel erwärmt sich auch die Nordsee und lockt Meeräschen und andere südliche Arten.

Dicklippige Meeräsche
Chelon labrosus

Meeräschen haben einen lang gestreckten, kräftigen und torpedoförmigen Körper und werden über 70 Zentimeter lang. Ihr Maul ist klein, die Oberlippe wulstartig vergrößert. Verbreitung: Nordsee bis zu den Dänischen Belten und Öresund.

Hornhecht

Weitspringer mit grünen Gräten

Auch die Hornhechte sind eher in wärmeren Gefilden zuhause. Sie jagen auf hoher See pfeilschnell hinter kleinen Fischen her. Doch im Frühjahr wandern sie zum Laichen an die Küsten und tauchen auch im Wattenmeer und in der Ostsee auf. Sie tauchen dann auch wirklich auf, denn Hornhechte – Verwandte der Fliegenden Fische – können weit aus dem Wasser springen, um hungrigen Mäulern zu entkommen.

*Springen
hoch hinaus*

Zerlegt man den delikaten Fisch, der geräuchert ein besonderer Leckerbissen ist, fallen vor allem seine grünen Gräten auf. Der Feinschmecker hat daran allerdings wenig Freude, da die Hornhechte allzu reichlich damit gespickt sind. Dennoch werden sie im Frühsommer gerne geangelt oder mit Reusen gefangen.

Hornhecht
Belone belone

Hornhechte sind sehr schlank und haben ein schnabelartiges, verlängertes Maul mit zahlreichen, nadelspitzen Zähnen. Sie können bis zu 90 Zentimeter lang werden. Verbreitung: Nordsee und Ostsee bis Ålandinseln.

Kabeljau (Dorsch)

Das Drama unter der Panade

Früher lebten die Fischstäbchen in Nord- und Ostsee. Sie jagten Heringe, vermehrten sich prächtig und waren unter dem Namen Kabeljau allseits bekannt. Doch weil die Menschen den Kabeljau so sehr liebten, dass sie fast alle seiner Art auffraßen, vollzog sich – vom Verbraucher unbemerkt – ein Wandel unter der Panade: Erst kam der Seelachs (Köhler) unter die Haube und heute ist meist Alaska-Seelachs der Fisch im Stäbchen. Er wird mit riesigen Schleppnetzen im Pazifik gefangen.

Empfehlenswert: Fischstäbchen mit dem MSC-Siegel.

Auch für das englische Nationalgericht „Fish and Chips" kommt Kabeljau kaum mehr in die Tüte, stattdessen Schellfisch, Seehecht, Heilbutt, Dornhai oder Rochen. Schmecken tut es trotzdem, denn es muss nicht immer Kabeljau sein. Doch was tun, wenn auch die letzten Fischschwärme abgefischt sind und der Platz unter der Panade leer bleibt? Zum Glück steckt im Fischstäbchen auch Hoffnung: Auf manchen

Packungen bürgt das blaue MSC-Siegel (siehe Seite 118) dafür, dass der filettierte Alaska-Seelachs darin aus nachhaltiger Fischerei stammt.

Der Atlantische Kabeljau hat allerdings vorerst keine Chance wieder in großem Stil in die knusprige Hülle zu schlüpfen. Er ist steht als „gefährdet" auf der Roten Liste. Dorsch heißt er übrigens solange er unreif ist. Ist er bereit zum Laichen, wird er zum Kabeljau. Nur in der Ostsee behält er seinen Mädchennamen zeitlebens bei.

Stockfisch und Klippfisch

Der Name „Dorsch" bedeutet Dörrfisch und war schon bei den Wikingern Programm. Aber auch heute noch werden Dorsche an der Luft getrocknet: über Stangen hängend als Stockfisch oder auf den Klippen ausgelegt als Klippfisch. So sind sie jahrelang haltbar und dienten ähnlich wie der Salz-

Vom Brotfisch
zur Mangelware

hering ganzen Schiffsmannschaften und Soldatenheeren als „Dauerkonserve". Wird der Dörrdorsch anständig gewässert, kann er anschließend wie frischer Fisch verarbeitet werden. Man kann ihn aber auch bretthart wie er ist in mundgerechte Happen zerteilen und aufknabbern.

Kabeljau war von Norwegen bis Brasilien ein echtes Volksnahrungsmittel, ein „Brotfisch", der sogar Anlass zu regelrechten Kabeljaukriegen um die Fangrechte bot. In Portugal wird der gedörrte Kabeljau, der „Bacalhau", noch heute in großer Vielfalt aufgetischt. Man isst ihn roh, mariniert, gegrillt, gekocht, man verarbeitet ihn in Suppen, Salaten, Vorspeisen, Hauptgerichten und sogar Desserts.

Nix Fisch?

Der Atlantische Kabeljau war einer der wichtigsten Meeresfische überhaupt. Seine Bestände schienen unerschöpflich und waren die Basis für eine reiche Fischereiindustrie. Noch in den 1960er Jahren zogen die Fischer Rekorderträge aus dem Meer. Doch bereits Anfang der 1970er Jahre war in „Grzimeks Tierleben" zu lesen: „Die gegenwärtig erzielten Fangmengen drohen das vertretbare Maß einer biologisch sinnvollen Nutzung zu überschreiten." Anfang der 1990er Jahre brachen die Bestände völlig ein. Mit dramatischen Folgen: 1992 verbot die kanadische Regierung den Kabeljaufang vor der Ostküste, weil die Bestände um 99 Prozent zurückgegangen waren. Mehr als 30 000 Menschen verloren ihre Arbeit, etwa 10 000 von ihnen waren Fischer. Trotz des auch heute noch gültigen Fang-Moratoriums hat sich der Kabeljaubestand vor Kanada noch nicht wieder erholt.

In der Nordsee droht ein ähnlicher Kabeljaukollaps. Innerhalb von 40 Jahren sind die Bestände um über 90 Prozent zurückgegangen. Der einstmals wertvollste Fisch der Nordsee befindet sich ganz deutlich außerhalb „sicherer biologischer Grenzen", wie der Internationale Rat für Meeresforschung (ICES) warnt. Eine nachhaltige Bewirtschaftung ist so nicht mehr möglich.

Dorsch in der Ostsee.

Heute leben die größten Kabeljaube-stände in der Barentssee. Die Anrainerstaa-ten Norwegen und Russland versuchen die Fischerei nachhaltig zu gestalten. Doch es gibt ein Problem: Piraten.

Die Beutezüge der Piraten

Die Piraten von heute haben es auf die Schätze der Meere abgesehen. Sie räubern jenseits jeder Fangquote. Piratenfischerei, die „illegale, unregulierte und undokumen-tierte Fischerei", bedroht die Fischbestände weltweit. Wissenschaftler des ICES gehen davon aus, dass pro Jahr allein in den nord-ostarktischen Gewässern 90 000 bis 115 000 Tonnen Kabeljau „unregistriert entnommen wurden". Auch in Nord- und Ostsee sind Fischpiraten auf Beutefang und verschär-fen die Gefahr vom Kabeljaukollaps.

Ist der Kabeljau noch zu retten?

Kabeljau (Dorsch)
Gadus morhua

Charakteristisch für den Kabeljau ist der kräftige Bartfaden am Unterkiefer, der den Meeresboden nach Fressbarem abtastet. Weitere Kennzeichen sind der vorstehende Oberkiefer, die hell abgesetzte Seitenlinie und die dunkel marmorierten Flanken. Im Schnitt wird der Kabeljau 60 bis 80 Zentimeter lang bei einem Gewicht von rund 15 Kilogramm. Exemplare von über anderthalb Meter Länge und 40 Kilogramm Gewicht sind heute selten. Verbreitung: Nordsee und Ostsee bis Ålandinseln.

Klima-Flüchtlinge

Klimawandel und Kabeljau? Die globale Erwärmung sorgt bei den Nordlichtern nicht gerade für Behagen. Der Atlantische Kabeljau lebt in nördlichen Breiten und bevorzugt Wassertemperaturen zwischen 0 und 20 Grad Celsius. Erwärmen sich die Meere, gibt es weniger Nahrung für die Fischlarven. So wachsen sie langsamer, ihre Überlebenschancen sinken, immer weniger junge Fische frischen die überfischten Kabeljaubestände auf.

Was Meeräschen und andere Einwanderer aus dem Süden freut, ist für den Kabeljau ein Desaster: Die Erwärmung der Nordsee macht den einstigen „Brotfisch" bei uns zum Klima-Flüchtling.

Die Stäbchenparade

Zum Glück für die Fans von Fischstäbchen schart der rar gewordene Kabeljau in seiner Familie der Dorschfische (*Gadidae*) noch einige wohlschmeckende Verwandte um sich, die man statt seiner unter die Panade stecken kann. Doch auch gedünstet, gebraten, gekocht oder geräuchert mundet uns die ganze Sippschaft prächtig.

Schellfisch (*Melanogrammus aeglefinus*) und Wittling (*Merlangius merlangus*) gehören ebenso zur Familie wie Pollack (*Pollachius pollachius*) und Köhler (*Pollachius virens*), dem die Fischindustrie den Namen Seelachs verpasste, weil sein Fleisch auch als preiswerter, rot eingefärbter und in Öl eingelegter Lachsersatz in den Handel kam. Heute muss sich der schmackhafte und vielseitige Fisch nicht mehr als „Lachs" tarnen, um Käufer zu finden.

Ebenfalls unter dem Namen Seelachs wird der heutige Fischstäbchenfisch schlechthin geführt. Auch er hat mit den echten Lachsen nichts zu tun, sondern gehört zu den Dorschfischen: der Alaska-Seelachs (*Theragra chalcogramma*). Er ist ein Vetter aus Übersee und lebt im nördlichen Pazifik. Als seinen überfischten Verwandten zunehmend der Nachwuchs ausblieb, entdeckte ihn die Fischindustrie. Ende der 1980er Jahre tauchte der Alaska-Seelachs auf dem deutschen Markt als preiswerte Alternative zum Kabeljau auf. Dank großer Vorkommen und Fangmengen schaffte der Neue mühelos den Sprung in die Massenverarbeitung zu Fischstäbchen und Schlemmerfilets. Heute belegt der Alaska-Seelachs in Deutschland einen der vordersten Plätze in der Hitliste der beliebtesten Seefischarten. Und das, obwohl ihn kaum jemand als Ganzes zu Gesicht bekommt. Das zarte, weiße Fleisch wird gleich nach dem Fang verarbeitet und in gefrorene Filetblöcke verwandelt.

Schellfisch

Köhler (Seelachs)

Pollack

Alaska-Seelachs

Seenadeln

Ringelnass und nadeldünn

Sie sind lang und dünn und einige von ihnen am Ende aufgerollt. Ihr röhrenförmiges
Maul saugt wie eine Pipette kleine Krebs-
chen ein. Bei ihnen trägt der Papa die Eier
herum bis der Nachwuchs schlüpft. Sie sind
die etwas anderen Fische: die Seenadeln,
die so aussehen wie sie heißen, und die
Seepferdchen, die zur gleichen Familie gehören und ihren Schwanz um Seegras oder
Tang ringeln, um sich festzuhalten.

Seepferdchen haben uns schon immer
inspiriert, den Matrosen galt das „Ringel-
nass" als Glücksbringer, die Chinesen ver-
pulvern Seepferdchen als Heilmittel (siehe
Seite 36).

*Einheimischer
Sympathieträger:
Langschnauziges
Seepferdchen.*

Auch vor unseren Küsten waren die Seepferdchen heimisch. Sie lebten in den un-
terseeischen Seegraswiesen im Wattenmeer
und verschwanden mit dem Seegras, als
dieses in den 1930er Jahren von einer Pilz-
krankheit großflächig dahingerafft wurde.

*Schwangere
Väter*

Doch ab und zu gehen den heimischen
Fischern auch heute noch Seepferdchen ins
Netz, die vermutlich mit der Strömung vom
Ärmelkanal hierher getrieben wurden.

Gar nicht so selten tummeln sich Seenadeln in Nord- und Ostsee. Sie sind zwar
nicht so bizarr geformt wie ihre aufgeroll-
ten Verwandten, doch trumpft beispielsweise die Große Schlangennadel mit einem
extravaganten Outfit auf: Sie glänzt gold-
farben mit leuchtend blauen Querbändern
und wird über einen halben Meter lang.
Wie bei den Miniatur-Pferdchen ist
Schwangerschaft auch bei den Seenadeln
Männersache. Sie tragen die Eier an der
Bauch- und Schwanzunterseite mit sich
herum bis die Jungnadeln schlüpfen.

Seepferdchen

Das Kurzschnauzige Seepferdchen (*Hippocampus hippocampus*) und das Lang-
schnauzige Seepferdchen (*Hippocampus
guttulatus*) leben im Nordostatlantik, im
Ärmelkanal und vereinzelt in der Nordsee.
Sie bewegen sich ausgesprochen langsam
zwischen Seegras und Algen. Ihr Körper ist
mit Knochenplatten bewehrt.

Seenadeln

Neben der Großen Schlangennadel (*Ente-
lurus aequoreus*) leben verschiedene klei-
nere Arten von Seenadeln in Tangwäldern
und Seegraswiesen. Verbreitung: Nordsee
bis Kattegat.

Große Schlangennadel

Kuckuckslippfisch

Der Nemo des Nordens

Im Farbrausch der Tropen kommt der Kuckuckslippfisch daher. Die Männchen überzeugen in einem Schuppenkleid mit strahlend blauen Mustern auf orangerotem Grund. Ein echter Nemo des Nordens! Und noch etwas haben sie mit dem berühmten Clownfisch gemeinsam: Sie wechseln ihr Geschlecht. Also bitte nicht wundern, wenn im Aquarium statt der blassroten Valentine plötzlich ein strahlend blauer Valentin schwimmt! Theoretisch kann jedes erwachsene Weibchen zum Mann werden. Jedoch duldet ein männlicher Kuckuckslippfisch in seinem Revier keine Rivalen. Er gibt Botenstoffe ins Wasser ab, die den Rollentausch der Weibchen verhindern. Aber kaum ist er weg und der Harem unbemannt, verwandelt sich das kräftigste Weibchen und nimmt seinen Platz ein.

Alle Lippfische haben sehr große Lippen und kräftige Zähne, mit denen sie Muscheln, Schnecken oder Krebse knacken können. Außer den auffälligen Kuckuckslippfischen leben noch weitere eher unscheinbare Arten bei uns.

Kuckuckslippfisch
Labrus mixtus

Der Kuckuckslippfisch kann bis zu 35 Zentimeter groß und 20 Jahre alt werden. Das Männchen ist unverwechselbar gefärbt, hat eine blau und schwarz marmorierte Oberseite und einen roten Bauch. Das Weibchen schlicht und rötlich gefärbt mit zwei bis drei dunklen Flecken auf der Oberseite des hinteren Rückens. Verbreitung: Nordsee bis Kattegat.

Weiblicher Kuckuckslippfisch

Männlicher Kuckuckslippfisch

Sandaal

Kleine Fische, große Wirkung

Haben Sie schon mal Sandaal in Aspik probiert? Oder Sandaalspieße vom Grill? Nicht? Dann sind Sie nicht allein, denn die kleinen, schlanken Fischlein gehören nicht gerade zur Grundausstattung einer Fischtheke. Und doch werden sie in großem Stil gefangen: als „Industriefisch", nicht zum Verzehr

*Fisch ist
kein Gammel*

bestimmt, sondern für die Produktion von Fischmehl und -öl. Das landet dann in Fischzuchten, aber auch in Schweinetrögen und Geflügelmastbetrieben. In der Nordsee betreibt vor allem die dänische Fangflotte solche Industrie- oder Gammelfischerei.

(„Gammel" ist eigentlich die Bezeichnung für den unverkäuflichen Beifang der Krabbenfischerei). Noch hässlicher als der Name sind die Auswirkungen der Gammelfischerei. Die von uns so gering geschätzten Kleinfische sind als Nahrung für Raubfische, Seevögel und Meeressäuger unentbehrlich. Außerdem landen immer wieder Jungfischschwärme in den kleinmaschigen Netzen der Industriefischer, also der Nachwuchs von Kabeljau, Hering und Schellfisch. Eine zerstörerische Praxis. Es geht zwar nur um kleine Fische, aber gerade die haben eine Schlüsselstellung im Nahrungsnetz der Ozeane.

Sandaale

Sandaale sind kleine, langgestreckte Fische. Bei uns leben der bis zu 20 Zentimeter lange Kleine Sandaal (*Ammodytes tobianus*) und der bis 40 Zentimeter lange Große Sandaal (*Hyperoplus lanceolatus*). Verbreitung: Nordsee und Ostsee bis Ålandinseln.

Sandaal für die Fischmehlfabrik: dänische Gammelfischerei in der Nordsee.

Petermännchen

Gefährliche Begegnung

Barfüße aufgepasst! Der folgende Fisch sitzt vielleicht genau dort, wo Sie hintreten. Und diese Begegnung ist schmerzhaft und gefährlich. Das Petermännchen vergräbt sich gerne im Sand, nur seine nach oben gerichteten Augen gucken heraus. Auf seinem Rücken sitzen kräftige Giftsta-

Vorsicht
Gift

cheln, die es in sich haben. Tritt ein Badeurlauber im flachen Wasser darauf, folgen meist starke und sehr schmerzhafte Schwellungen. Als erste Hilfe rät Wikipedia: „Das Eintauchen der betroffenen Extremität (meist ist ein Fuß betroffen) in heißes Wasser deaktiviert das Gift." Das funktioniert, weil letzteres ein hitzeempfindliches Protein ist, dürfte aber vor Ort häufig daran scheitern, dass man am Bade-

strand eher kühle Getränke als heißes Wasser mitführt. Aber vielleicht ist ja eine Thermoskanne Kaffee zur Hand.

An den heimischen Küsten besteht für Badende keine große Gefahr. Petermännchen sind hier so selten, dass sie auf die Liste der bedrohten Arten gesetzt wurden. Anders im Mittelmeer, dort gibt es immer wieder Giftunfälle am Strand.

Der ungewöhnliche Name „Petermännchen" oder „Pietermann" stammt übrigens daher, dass holländische Fischer gefangene Exemplare als Gabe an ihren Schutzheiligen Petrus zurück ins Meer warfen.

Petermännchen

Das Große Petermännchen (*Trachinus draco*) wird bis zu 40 Zentimeter lang, Augen und Mundspalt sind nach oben gerichtet. Das Kleine Petermännchen oder Viperqueise (*Echiichthys vipera*) wird maximal 15 Zentimeter lang. Verbreitung: Nordsee bis Dänische Belte und Öresund.

Großes Petermännchen

Atlantische Makrele

Makrele

Schnellschwimmer und Schlafmützen

Makrelen sind kleine Torpedos. Um ihre Stromlinienform perfekt zu machen, können sie ihre beiden Rückenflossen vollständig in eine Grube einziehen, ähnlich wie ein Düsenjet sein Fahrwerk. Sie sind daher echte Schnellschwimmer. Außerdem ver-

Makrelen flitzen in Schwärmen durchs Wasser

zichten die Makrelen auf eine Schwimmblase und können daher ohne Druckausgleich die Wassertiefe wechseln. Das kann Leben retten, wenn sie blitzschnell ins Tiefe abtauchen oder nach oben schnellen, um Raubfischen ein Schnippchen zu schlagen. Allerdings müssen sie auch ständig gegen das Absinken anschwimmen, weil es ihnen an Auftrieb mangelt.

Im Sommer schwimmen die Makrelenschwärme häufig dicht unter der Wasser-

oberfläche und fressen Plankton und Fischbrut. Im Winterhalbjahr hingegen fallen sie in eine Art „Winterschlaf": Sie ruhen stehend und ohne zu fressen in mehreren hundert Metern Tiefe.

Atlantische Makrele
Scomber scombrus

Makrelen sind langgestreckt und stromlinienförmig gebaut. Sie können bis zu 60 Zentimeter lang und über zehn Jahre alt werden. Kennzeichnend sind die stark gegabelte Schwanzflosse und die glänzend grünblaue Färbung mit Querstreifen auf dem Rücken. Die Flanken schimmern perlmuttfarben, die Bauchseite ist weiß. Verbreitung: Nordsee bis mittlere Ostsee.

Butterfisch

Verwirrung in der Pfanne

Bitte was ist denn ein Butterfisch? Früher war die Lage klar: Es gab „Butter bei die Fische" und den Butterfisch, einen kleinen, langgestreckten Bewohner von Sand- und Felsböden. Außer Raubfischen und Meeresvögeln machte sich niemand die Mühe Butterfische zu fangen, denn viel ist nicht an ihnen dran.

Mehr Butter beim Fisch gibt es in Amerika: Vor den dortigen Küsten schwimmen deutlich größere Verwandte des europäischen Butterfisches. Mit ihrem weißen, festen und grätenarmen Fleisch sind sie beliebte Speisefische.

*Fischkauf
mit Warnhinweis*

Doch seit einigen Jahren werden bei uns unter gleichem Namen auch verschiedene andere sehr fettreiche Fischarten vermarktet, die gar nicht zur Familie der Butterfische (*Pholidae*) gehören. Diese „Butterfische" oder „Buttermakrelen" gehen bei der Tiefseefischerei als Beifang in die Netze und werden mit Warnhinweis verkauft. Das Bundesinstitut für Risikobewertung rät zur Vorsicht: Bei empfindlichen Menschen kann der Verzehr dieser Fische starken Durchfall, Erbrechen, Kopfschmerzen und Krämpfe zur Folge haben. Schuld sind vermutlich die schwer oder gar nicht verdaulichen Wachsester, die den Fettanteil dieser Fischarten dominieren. Also von wegen Butter!

Butterfisch
Pholis gunnellus

Unsere heimischen Butterfische haben einen aalartig schlanken Körper mit langer Rücken- und Afterflosse und einen kleinen Kopf. Sie werden bis 25 Zentimeter lang und haben schwarze, von einem weißen Rand gesäumte, runde Flecken am Rücken. Im Winter laichen sie ihre Gelege ab und bewachen sie bis zum Schlüpfen. Verbreitung: Nordsee und Ostsee bis Ålandinseln.

*Heimischer
Butterfisch*

Seewolf (Steinbeißer)

Die kopflosen Gesellen

Achtung Raubtier! Hier steckt der Wolf nicht im Schafspelz sondern im Schuppenkleid. Raubtierhaft ist an dem Flossentier allerdings höchstens sein kräftiges Gebiss, mit dem der Seewolf die harten Schalen von Muscheln, Wellhornschnecken, Seeigeln und Taschenkrebsen aufknackt. Steine beißt der „Steinbeißer" damit nicht – warum auch. Doch seine Kost ist auch so hart genug, um für hohen Verschleiß am

Steinbeißer gönnen sich jedes Jahr ein neues Gebiss

Gebiss zu sorgen. Daher fallen ihm die abgenutzten Zähne aus und werden kurz vor jeder Laichsaison durch nachwachsende neue ersetzt.

Ansonsten schwimmen die Seewölfe ruhig und träge tief unten auf dem Meeresgrund umher. Zu Gesicht bekommt man sie nur im Aquarium und auf dem Speiseteller. Weil der bullige Kopf mit den markanten Beißerchen feinfühlige Verbraucher abschrecken könnte, kommt Steinbeißer enthauptet auf den Markt. Meist filetiert oder in Scheiben geschnitten.

Gestreifter Seewolf
Anarhichas lupus

Ausgewachsen erreicht der Gestreifte Seewolf eine Länge von über einem Meter und ein Gewicht von 25 Kilogramm. Charakteristisch für die Familie der Seewölfe ist ihr dicker Kopf mit dem breiten Maul, bewehrt mit massiven, kräftigen Zähnen. Die langen Rücken- und Afterflossensäume sind nicht mit der Schwanzflosse verwachsen. Die winzigen Schuppen sind tief in die Haut eingebettet. Den Gestreiften Seewolf charakterisieren die dunklen Körperstreifen von der Rückenflosse abwärts. Verbreitung: Nordsee bis Kattegat.

Reizt nicht zum Reinbeißen: Kopf des Steinbeißers.

Wolf des Meeres

Neben dem Seewolf streift noch ein weiterer Wolf durch Meere und Speisekarten: der Wolfsbarsch (*Dicentrarchus labrax*). Beide werden auch als „Loup de mer" (französisch für „Wolf des Meeres") gehandelt. Der Wolfsbarsch ist ein gefräßiger Raubfisch, gehört zur Familie der Meerbarsche und hat mit dem Seewolf nichts weiter zu tun. Wolfsbarsch gibt es bei uns als ganzen Fisch oder Filet, er stammt zumeist aus Fischfarmen am Mittelmeer.

Der Seewolf wird bei uns meist unter dem Namen Steinbeißer verkauft. Aber um die Verwirrung komplett zu machen, gibt es noch den echten Steinbeißer: einen Süßwasserfisch (*Cobitis taenia*), der allerdings als Speisefisch zu klein ist . . .

Wolfsbarsch

Seeteufel

Zum Anbeißen!

Dieser Teufel lockt seine Opfer mit einem Angelköder ins Verderben. Er wedelt verführerisch mit einem kleinen fleischigen Hautlappen, der an einem langen Flossenstrahl hängt – nicht umsonst ist der Seeteufel ein Anglerfisch. Kommt ein neugieriger Plattfisch, Dorsch oder Rochen herbei,

*Angeln
ihre Beute*

reißt er sein großes Maul auf, ein Unterdruck entsteht und saugt die Beute in den Höllenschlund. Spitze Fangzähne verhindern jedes Entkommen. Keine Frage, dieser Teufel ist ein Raubfisch. Er lauert am Meeresgrund und schnappt alles, was ihm vor die Angel schwimmt. Sogar Tauchvögel hat man schon in seinem Magen entdeckt.

Auf uns wirkt der Seeteufel geradezu furchterregend mit seinem breiten Kopf, dem riesigem Maul, den langen spitzen Rückenflossenstrahlen und den am Körper wuchernden Hautanhängseln. Dennoch beißen wir gerne bei ihm an, denn er schmeckt köstlich. Damit der Gaumengenuss nicht durch die Optik gestört wird, wird der Teufel aus dem Fleisch getrieben: Enthäutet und ohne Kopf liegt der Seeteufel dann ganz friedlich auf Eis.

Leider muss sich heutzutage selbst der Teufel in der See ernsthafte Sorgen um seine Existenz machen, weil Trawler mit

Der Seeteufel lauert am Meeresgrund.

Bodenschleppnetzen alles einsacken, was nicht bei drei auf den Bäumen ist (und wo findet sich unter Wasser schon ein Baum).

Seeteufel
Lophius piscatorius
Der Seeteufel kann bis zu zwei Meter lang und 40 Kilogramm schwer werden. Sein Äußeres ist unverkennbar. Verbreitung: Nordsee bis Kattegat.

Aalmutter

Babyboom im Bauch

Zwillinge auszutragen ist für eine Schwangere schon ein gehöriges Stück Arbeit, gar nicht zu reden von Drillingen oder gar Vierlingen. Die Aalmutter bringt bis zu 400 dicht im Bauch gedrängte, fertig ausgebildete Fischbabys auf die Welt. Eine reife

Geburt der
„Hundertlinge"

Leistung! Auch wenn es sich nicht um den Aalnachwuchs handelt, wie der Name suggeriert. Diese Rolle wurde dem unschein-baren Fisch, der zwischen Seegras und Algen am Meeresboden umherschwimmt, irrtümlich zugeschrieben (siehe Seite 63). Immerhin vier Monate lang trägt die Aalmutter die werdende Generation mit sich herum. Stattliche drei bis fünf Zentimeter sind die Jungfische beim Schlüpfen lang.

Aalmutter
Zoarces viviparus
Die Aalmutter wird bis zu 50 Zentimeter lang, ist braungelb und unregelmäßig dunkel gefleckt. Typisch ist die Einsenkung in der Rückenflosse. Verbreitung: Nordsee und Ostsee bis Ålandinseln.

Grundeln

Gleich und gleich

Es gibt sie nicht: die Grundel. Stattdessen gibt es viele kleine unscheinbare Grundeln, die für den unbedarften Fischlaien alle ähnlich bis gleich aussehen und doch verschiedenen Arten zugeordnet werden. Gestatten: Schwarzgrundel, Schwimmgrundel, Sandgrundel, Strandgrundel, nicht zu vergessen die Fleckengrundel. Wohlgemerkt: Sie kommen alle in Nord- und Ostsee vor, sind alle mehr oder weniger hellbraun mit dunklen Flecken unterschiedlicher Zahl und Größe und höchstens zehn Zentimeter lang. Nur die Schwarzgrundel wird etwas größer und besticht durch ihren schwarzen Rücken. Und alle Grundeln leben – der Name verpflichtet – dicht am Grund, meist in Küstennähe. So bodenständig sind sie, dass ihre Bauchflossen mehr oder weniger zu einer Saugscheibe zusammengewachsen sind. Sie fressen kleine Krebse und Würmer und bilden ihrerseits eine willkommene Mahlzeit für größere Fische.

Besonders kniffelig ist die Ermittlung der Identität bei den Strandgrundeln und den Sandgrundeln. Letztere wird größer, aber ansonsten gleichen sich die sandfarbenen Fische, die gerne auf Sandboden leben, doch sehr. Aber die Strandgrundel hat eine ausgeprägte Vorliebe für das seichte Wasser in unmittelbarer Nähe zum Ufer. Wenn Ihnen dort etwas kleines Sandfarbenes um die Füße flutscht, könnte es eine Strandgrundel sein – oder eine Nordseegarnele, die dort ebenfalls gerne sitzt.

Sandgrundel (Pomatoschistus minutus)

Fleckengrundel (Pomatoschistus pictus)

Schwarzgrundel (Gobius niger)

Knurrhahn

Schreitbeiner und Krachmacher

Dieser Fisch hat sich Beine zugelegt: Drei seiner Brustflossenstrahlen sind von den übrigen getrennt und einzeln beweglich. Mit ihnen kann der Knurrhahn auf dem Meeresboden umherschreiten und gleichzeitig nach Fressbarem tasten. Zwar kann

Er knurrt wirklich

Knurrhähne

er auch schwimmen, wie es sich für einen Fisch gehört, doch er bevorzugt festen Boden unter den Flossen. Kommt ihm jemand zu nahe, knurrt der Knurrhahn. Das tut er mit Hilfe besonderer Muskeln, die seine Schwimmblase in Schwingungen versetzen. Letztere sorgt also nicht mehr für Auftrieb – das ist bei so viel Bodenhaftung auch nicht erforderlich – sondern ist zu einem „Unterwasserlautsprecher" umgebildet.

Der Kopf des Knurrhahns ist sehr markant, mit Hautknochen geradezu gepanzert. Sein Maul ist groß und breit und schnappt nach kleinen Grundfischen und Krebsen. Er selbst ist ein geschätzter Speisefisch – allerdings schwer auseinander zu nehmen.

Der Graue Knurrhahn (*Eutrigla gurnardus*) wird bis 45 Zentimeter lang. Sein Rücken ist grau bis rotbraun, der Bauch weiß. Die Oberseite ist rau mit Knötchen entlang der Seitenlinie. Verbreitung: Nordsee bis westliche Ostsee.

Der Rote Knurrhahn (*Trigla lucerna*) wird bis 70 Zentimeter lang. Sein Rücken ist rötlich, seine Brustflossen leuchten dunkelblau. Die Oberseite ist glatt. Verbreitung: Nordsee bis Kattegat.

Seeskorpion

Ein harmloser Geselle

In urzeitlichen Meeren waren furchterregende Seeskorpione zu Hause: Bis zu zwei Meter lange gepanzerte und mit scharfen Klauen versehene Gliederfüßer, deren versteinerte Überreste uns heute noch einen wohligen Schauer über den Rücken jagen. Ihre Namensvettern hingegen sind kleine

*Versteck
im Algenwald*

Fische, höchstens so lang wie ein Lineal. Mit ihrem großen bedornten Kopf und den Knochenhöckern auf dem Rücken sehen sie zwar auch ein bisschen urzeitlich aus, aber fürchten muss man die meist im Algenwald versteckt lebenden Gesellen nicht. Höchs-

tens ihre Gefräßigkeit, denn neben allerlei Krebsen fressen Seeskorpione auch den Nachwuchs der Fische, die wir selber gerne essen.

Zur Paarungszeit bekommt das Männchen einen hochroten Bauch mit weißen Flecken. Während der Befruchtung hält er das Weibchen mit seinen großen rauen Brust- und Bauchflossen fest. Anschließend bewacht er den am Boden abgelegten Laichklumpen bis die Larven schlüpfen.

Seeskorpion
Myoxocephalus scorpius
Der Seeskorpion wird bis 30 Zentimeter lang. Sein Maul ist breit und groß, an seinem Kopf sitzen viele Dornen. Verbreitung: Nordsee und Ostsee bis Ålandinseln.

Seehase

Ostern unter Wasser

Seine Eier gibt es nicht nur zu Ostern. Der Seehase liefert einen preisgünstigen Ersatz für die begehrten Eier des Störs (siehe Seite 55). Jeder weibliche Seehase produziert bis zu 700 Gramm kleiner perlförmiger rosafarbener Eier (Rogen). Schwarz gefärbt, mit Salz und verschiedenen Zusatzstoffen versehen, landen diese dann im Einkaufsregal. In Deutschland steht „Deutscher Kaviar" auf dem Etikett, in Dänemark „Limfjordskaviar" und auf Island „Perles du Nord". Das wasserreiche, gallertartige Fleisch ist weniger beliebt. Auf Island allerdings gilt getrockneter Seehase als Delikatesse.

Falscher Kaviar

Wenn der Seehase nicht mitsamt seinen Eiern von einem Fischernetz eingesackt wird, legt das Weibchen im Frühjahr einen riesi-

Weiblicher Seehase.

gen Klumpen mit bis zu 200 000 Eiern am Felsgrund ab. Das Männchen besamt und bewacht die Eier bis die kaulquappenförmigen Jungtiere schlüpfen.

Mit seinem plumpen Körper, dem Rückenkamm und den vielen Knochenhöckern ist der Seehase unverwechselbar. Seine Bauchflossen sind zu einer Saugscheibe umfunktioniert, mit der er sich an Felsen und Steinen festheftet, um nicht von heftigem Seegang oder starken Strömungen fortgespült zu werden.

Seehase
Cyclopterus lumpus
Seehasen werden bis zu 50 Zentimeter groß. Die Weibchen sind graublau bis grünlich gefärbt, die Männchen dunkelgrau bis braun. Während der Laichzeit färbt sich ihr Bauch rot. Schuppen haben die Seehasen nicht, ihre Haut ist dick und lederartig. Verbreitung: Nordsee und Ostsee bis Ålandinseln.

Männlicher Seehase.

Stichling

Objekt der Begierde

Für Verhaltensforscher ein Objekt der Begierde: der Stichling und sein Sexualleben. Vor allem die männliche Balz ist eine komplexe Angelegenheit und Anlass für unzählige Studien. Mittlerweile gehört der Blick durch das Schlüsselloch von Familie Stichling zum Lehrbuchstandard. Gelangweilten Pennälern sei geraten, sich das Werben um die Weibchen mal live im Aquarium anzusehen. Denn trocken ist dieser Stoff ganz und gar nicht!

Wenn die Tage länger werden und die Frühlingssonne das Wasser wärmt, schlagen auch bei den Stichlingen die Herzen höher. Die Stichlingsherren, im Winter schlicht und unauffällig gewandet, trumpfen auf mit knallrotem Bauch und schillernd blauem Rücken. Sie kämpfen miteinander um Reviere, in denen sie ein einladendes Geburtshaus bauen: ein walzenförmiges Nest aus Pflanzenteilen. Der-

Stichlinge
bauen Nester

weil reifen im Körper der Stichlingsdamen die Eier heran und bescheren ihnen einen dicken Bauch. Das wirkt auf die Männerwelt ungemein anziehend. Schwimmt solch ein Bauch in sein Revier, eröffnet der Besitzer von Haus und Hof die Balz mit einem Zickzack-Tanz. Am Ende der Veranstaltung schwimmt die Umworbene ins Nest und laicht dort einige hundert Eier ab, die das Männchen besamt.

Dann beginnen seine Vaterpflichten. Ein bis zwei Wochen lang fächelt der Stichling

Dreistachliger
Stichling

Seestichling

immer wieder frisches Wasser herbei, repariert das Nest und verjagt Eindringlinge. Dann schlüpfen die Jungen und müssen zusammengehalten und abends wieder wohlbehalten ins Nest befördert werden. Zum Glück für den alleinerziehenden Vater dauert es nur einige Tage bis der Nachwuchs selbständig ist und davonschwimmt. Dann begibt sich Daddy wieder auf Freiersfüße, denn Stichlinge können mehrmals im Jahr Nachwuchs bekommen.

Bestechend

Es gibt verschiedene Arten von Stichlingen in Nord- und Ostsee, die allesamt klein sind und eine unterschiedliche Anzahl Stacheln auf dem Rücken tragen. Das hat zu so phantasievollen Namen wie Dreistachliger Stichling und Neunstachliger Stichling geführt. Stichlinge fühlen sich im Salz-, Brack- und Süßwasser wohl und sind entsprechend weit verbreitet – sogar in begrabenen Bächen oder Gräben, in denen kaum ein anderer Fisch existieren kann. An den Küsten von Nord- und Ostsee gibt es drei Stichlingsarten. Sie alle fressen kleine Krebse, Würmer und Fischlaich und sind trotz ihrer Stacheln selbst eine begehrte Beute von größeren Fischen und Vögeln.

Stichlinge

Der Dreistachlige Stichling (*Gasterosteus aculeatus*) wird bis zu zehn Zentimeter lang. Er trägt drei Stacheln auf seinem Rücken, seine Bauchflossen sind ebenfalls zu Stacheln umgewandelt. Der Neunstachlige Stichling (*Pungitius pungitius*) wird bis zu sieben Zentimeter lang und trägt neun Stacheln auf dem Rücken. Der Seestichling (*Spinachia spinachia*) wird bis 20 Zentimeter lang und trägt etwa 15 kleine Stacheln vor der Rückenflosse. Verbreitung: Nordsee und Ostsee bis Ålandinseln.

Platt und kaum zu entdecken: Scholle am Meeresgrund.

Plattfische

Warum ist die Scholle platt?

Sind die Küstenleute früher zu oft draufgetreten? Immerhin war „Butt pedden" eine beliebte Art des Fischens im Watt. Dabei galt es, die Schollen in den flachen Prielen zunächst mit scharfem Blick auszumachen und anschließend mit einem gezielten Tritt am Boden festzusetzen. Das funktioniert, weil Schollen die warmen, flachen Wattgewässer gerne als Kinderstube nutzen. Platt waren sie allerdings schon vor dem Tritt. Denn platt sein, ist eine optimale Altersvorsorge für das Leben am Meeresgrund. Wenn Plattfische platt auf dem Sandboden liegen, sind sie kaum zu entdecken. Zumal sich die Schollen im Boden eingraben bis nur noch ihre Augen herausragen und außerdem ihre Körperfarbe der Umgebung anpassen können. Sie sind so gut getarnt, dass ein unbedarfter

Wattwanderer durchaus versehentlich auf eine Jungscholle treten und sich dabei genauso erschrecken kann wie der ertappte Plattfisch, der dann schleunigst das Weite sucht. „Butt pedden" will eben gelernt sein.

Schollen sind daher auch für Seehunde, Schweinswale, Kormorane und Seeschwalben zwar eine willkommene Beute, aber keine leichte! Nur nachts kommen die Schollen hervor, um Muscheln, Krebse und Würmer zu suchen. Den Wattwürmern beißen sie gerne den Schwanz ab, wenn diese ihre charakteristischen Sandkringelhäufchen produzieren.

Plattfischgalerie: Flunder

*Gut
getarnt*

Neben der Tarnung hat die platte Lebensart noch einen weiteren Vorteil: Direkt über dem Boden in einer nur millimeter- bis zentimeterdicken Schicht ist die Wasserströmung sehr gering. Wer sich dort aufhält, braucht keine Energie gegen ungewolltes Wegtreiben aufzuwenden. Wie kräftezehrend das sein kann, weiß jeder, der schon mal gegen eine starke Strömung angeschwommen ist.

Seezunge

Wann wird die Scholle platt?

Wenn die wenige Millimeter langen Schollenlarven aus ihren Eiern schlüpfen, sind sie keineswegs platt, sondern „normal" geformt wie jede andere Fischlarve. Sie leben auch nicht am Boden, sondern treiben durchs Meer und fressen Plankton. Erst

Steinbutt

nach ein bis zwei Monaten Herumtreiberei verwandeln sich die nunmehr zehn Millimeter großen Schollenlarven und werden so bodenständig wie die Erwachsenen. Ihr Körper flacht sich so ab, dass die linke Seite zur Unterseite wird, und ihr linkes Auge wandert über die Rückseite des Kopfes nach rechts. Die Jungscholle legt sich also quasi mit ihrer linken Seite platt auf den Boden und dreht beide Augen nach oben. So kann sie auch dann noch vernünftig gu-

cken, wenn sie im Sand verborgen liegt. Die neu geschaffene Körperoberseite färbt sich zur Tarnung langsam dunkel, während die Unterseite weiß bleibt.

Alle Familienangehörigen der Plattfische, also auch Flunder, Kliesche, Steinbutt und Seezunge, ändern auf diese Weise ihre Gestalt. Unterschiedlich ist nur, wie sie die Augen verdrehen. Schollen sind rechtsäugig, Butte sind linksäugig. Bei den Flundern kommt beides vor.

Die Fischerei mit Grundschleppnetzen erzeugt viel Beifang.

Machen wir die Scholle platt?

Ach ja, frische Maischolle, besonders zart und zum Anbeißen! Aber warum im Mai? Kriegen die Schollen Frühlingsgefühle und sind deshalb besonders lecker? Eher nicht, denn Schollen laichen zwischen Januar und März. Die Weibchen produzieren bis zu einer halben Million Eier. Danach sind sie erstmal platt. Ebenso ihre Partner, die ausreichend Sperma für die Befruchtung be-

Scholle
im Mai

reitstellen müssen. Entsprechend fade und ausgelaugt schmeckt auch ihr Fleisch. Erst ab Mai verbessert sich die Fleischqualität wieder. So richtig lecker allerdings sind sie erst im Juni und Juli, wenn sie sich vollständig vom Kinderkriegen erholt haben.

Die Maischolle verdankt ihren Ruf wohl dem Umstand, dass die Fischer früher erst die Frühjahrsstürme abwarten mussten, bevor sie sich Ende April wieder zu ihren Fanggründen in Nord- und Ostsee wagten. Auch wenn die Schollen noch nicht alle von bester Qualität waren, waren sie für die Schollenliebhaber doch die ersten nach dem langen, schollenlosen Winter.

Jedenfalls ist die Schollensaison lang genug und das Fleisch lecker genug, um die Schollen vor ein ernsthaftes Problem zu stellen. Sie werden so intensiv befischt, dass sie mit den Nachkommen nicht nachkommen. Früher wurden bis zu knapp einen Meter lange und sieben Kilogramm schwere Exemplare gefangen. Heute sind die Schollen im Durchschnitt nicht einmal

mehr halb so groß. Viele Tiere werden vor der Geschlechtsreife aus dem Meer gefischt. Es gibt zu wenig Eltern und daher auch zu wenig Nachwuchs.

Ein weiteres Problem ist, dass die Schollenfischerei nicht nur die Scholle platt macht, sondern auch noch allerlei andere Fische und Bodentiere. Die mit Scheuchketten ausgestatteten Bodenschleppnetze sacken alles ein, was da ist. Bei der Scholle und noch schlimmer bei ihrer Verwandten, der Seezunge, landet mehr „Beifang" als Fang im Netz.

Macht die Seezunge die Scholle platt?

Dass ein Plattfisch den anderen platt macht, verdeutlicht unseren absurden Umgang mit den Meeresressourcen: Den Schollen in der Nordsee werden die Netze zum Verhängnis, die Fischer zum Fang von Seezungen auswerfen. Seezungen sind besonders lecker, aber kleiner als die nicht ganz so leckeren Schollen. Folglich dürfen Seezungenfischer Netze mit deutlich kleineren Maschenweiten benutzen. Weil aber beide Plattfische nebeneinander am Nordseegrund leben, landen in den Seezungennetzen auch viele kleine Jungschollen, die noch gar nicht gefangen werden dürfen. Also werfen die Seezungen-Fischer die zu kleinen Schollen – halbtot oder tot – wieder über Bord. Auch ausgewachsene Schollen werden auf diese Weise entsorgt, beispielsweise wenn die Fangquote für Schollen schon erreicht ist, die für Seezungen aber noch nicht.

Platt ist nicht gleich platt: Kleine Plattfischkunde

Die häufigsten Plattfische an unserer Küste sind drei recht ähnliche Arten: Scholle, Flunder und Kliesche. Anders als die anderen beiden Arten fühlt sich die Scholle völlig glatt an. Über ihren Kopf verläuft eine Reihe von Knochenhöckern. Außerdem trägt die Scholle auf der Oberseite orangerote Flecken. Flunder und Scholle können unfruchtbare Mischlinge („Blendlinge") bilden.

Scholle
Pleuronectes platessa
Schollen können fast einen Meter lang, sieben Kilogramm schwer und etwa 50 Jahre alt werden. Sie leben auf Sandböden in der Nordsee und dringen bis in die nördliche Ostsee vor.

Flunder
Platichthys flesus
Flundern werden bis zu einem halben Meter lang, ihre Körperoberfläche ist rau mit scharfen knöchrigen Spitzen entlang der Seitenlinie. Flundern sind sehr tolerant gegenüber geringem Salzgehalt. Sie leben in der Nordsee, aber auch in den Brackwassergebieten der Ostsee bis zu den Ålandinseln.

Kliesche
Limanda limanda
Klieschen werden maximal 40 Zentimeter lang und haben wie die Flundern eine raue Körperoberfläche. Ihre Seitenlinie macht einen deutlichen Bogen über die Brustflosse. Klieschen leben ebenfalls auf Weichböden in der Nordsee und in der Ostsee bis um Bornholm. Ihr Fleisch ist bei weitem nicht so schmackhaft wie das der Scholle.

Scholle

Flunder

Seezunge
Solea solea
Seezungen werden bis zu 60 Zentimeter lang, ihr Körper ist oval, die Oberfläche rau. Sie leben auf sandigem oder schlammigem Grund in Nordsee und westlicher Ostsee. Die Seezunge gehört zu den ältesten bekannten Speisefischen, seit Jahrtausenden wird ihr zartes weißes Fleisch geschätzt.

Steinbutt
Psetta maxima
Der Steinbutt kann bis zu einem Meter lang, etwa zwölf Kilogramm schwer werden und hat einen fast kreisrunden Körper. An der Oberseite sitzen Knochenhöcker und Dornen. Die Augenseite ist mit großen Knochenhöckern versehen, die wie kleine Steine auf der dunklen Haut liegen – daher der Name. Er kommt auf Sandböden in der Nordsee und in der Ostsee bis zu den Ålandinseln vor. Im Brackwasser bleibt er kleiner und leichter. Mittlerweile wird der delikate Steinbutt auch in Aquafarmen gezüchtet.

Seezunge

Steinbutt

Kliesche

Meeresfrüchte

Alles außer Fisch

In einem Buch über Fische darf auch ein Hinweis auf die Meeresfrüchte nicht fehlen. Jenem Sammelsurium von Leckereien aus dem Meer, das alles Mögliche enthält – außer Fisch.

Seemelonen, Seegurken, Seestachelbeeren, Meerzitronen, Blumenkohlquallen – an Obst und Gemüse scheint auch unter Wasser kein Mangel zu herrschen. Aber sind das die Meeresfrüchte, die sich unter die Pasta mischen oder auf der Pizza tummeln? Zum Glück nicht, denn dann kämen wir vor allem in den zweifelhaften Genuss von Quallengelee.

*Meeresfrüchte
sind kein Obst*

Seemelonen und -stachelbeeren sind kleine Quallen, deren Form an die gleichnamigen Früchte erinnert. Ähnlich ist es bei Blumenkohlquallen und Seegurken. Die Meerzitrone hingegen ist eine Nacktschne-

Auch wehrhafte Krebse und schlaue Tintenfische zählen zu den „Meeresfrüchten".

cke, die nicht wie eine Zitrone aussieht aber genauso sauer schmeckt.

Meeresfrüchte sind Tiere, die gar nicht wie Obst aussehen oder schmecken müssen, sondern eine andere Bedingung erfüllen: Sie müssen uns schmecken. Der Begriff zeugt von einem landwirtschaftlichen Verständnis der Ozeane: Wie die Früchte des Feldes ernten wir auch die Früchte des Meeres. (Und vergessen leider oft, genügend Saat für das nächste Jahr übrig zu lassen). Typische Meeresfrüchte sind Muscheln und Wasserschnecken, Tintenfische und Kalmare, Garnelen, Krabben, Langusten und Hummer. Nur die wasserlebenden Wirbeltiere, also Fische und Wale, gehören nicht dazu.

Nordseegarnele

Krabben satt

Besonders leckere Meeresfrüchte aus heimischer Produktion stecken mit Vorliebe im Brötchen: Nordseekrabben, die eigentlich Garnelen sind und uns bei der Wattwanderung an den Füßen kitzeln. Der Garnelennachwuchs wächst ebenso wie die Schollenkinder im warmen Wattwasser heran. Die erwachsenen Tiere wandern bei Flut auf die Wattflächen und lassen sich mit dem ablaufenden Wasser zurück in die Priele treiben.

Wenn Krabbenfischer auf Garnelenfang gehen, schleppen sie Fangnetze über den Meeresgrund, die von meterlangen Bäu-

Krabbenkutter in der Nordsee.

Nordseegarnele (Crangon crangon)

men offen gehalten werden. Als unerwünschter Beifang landen viele Bodentiere, junge Schollen, Seezungen und andere kleine Nordseefische mit im Netz.

Zum Krabbenpulen nach Marokko

Die meisten Nordseegarnelen haben schon eine lange Reise hinter sich, bevor sie als Krabben im Brötchen landen. Zwar werden die Garnelen in der Nordsee, also sozusagen vor unserer Haustür gefischt, aber anschließend bis nach Marokko transportiert, weil dort das Krabbenpulen billiger ist. Danach reist das Krabbenfleisch

*Kenner pulen ihre
Krabben selber*

wieder zurück zu uns. Fangfrisch ist es dann nicht mehr und muss daher konserviert werden.

Richtig lecker sind die frischen, ungepulten Krabben, die es in manchen Häfen direkt vom Kutter gibt. Krabbenpulen macht Spaß und ist gar nicht so schwer: Den Garnelenkopf zwischen linken Zeigefinger und Daumen nehmen. Mit dem rechten Daumen und Zeigefinger den Schwanzteil fassen und gerade biegen. Anschließend den Schwanzteil mit einer Vierteldrehung gegen den Kopfteil lösen und abziehen. Jetzt kann man das Fleisch leicht herausnehmen. Lecker!

Miesmuschel

Was heißt hier mies?

Die Miesmuschel ist auch eine Meeres-frucht und gar nicht mies. Ihr Name leitet sich von dem mittelhochdeutschen Wort „mies" ab und das bedeutet „Moos". Und was haben die Muscheln mit Moos zu tun? Miesmuscheln siedeln nicht im, sondern auf dem Meeresboden und spinnen sich mit braunen Klebefäden fest, um nicht fortgespült zu werden. Das Geflecht dieser Klebefäden erinnert an Moos. Daher der Name.

Die Schalen der Miesmuscheln findet man auch am Strand.

Miesmuscheln (Mytilus edulis) unter Wasser.

Miesmuscheln sind köstlich. Besonders empfehlenswert sind sie, wenn die Muscheln aus Hängekulturen stammen.

Miesmuscheln schlucken Unmengen von Meerwasser und filtern Plankton heraus, das sie fressen. Bis zu 20 Liter Wasser strömen täglich durch die Kiemen einer einzigen Miesmuschel. Und auf einer Muschelbank siedeln Tausende von ihnen. Zusammen bilden sie einen gewaltigen Wasserfilter.

*Schlafen
bei Ebbe*

Im Wattenmeer müssen die Miesmuscheln Zwangspausen beim Fressen einlegen: Wenn das Wasser bei Ebbe entschwindet, klappen sie ihre Schalen fest zu und ruhen so lange, bis die Flut sie wieder umspült.

Ernte auf dem Muschel-Acker

Weil die Miesmuscheln bei Ebbe schlafen, anstatt zu wachsen, legen die Fischer Muschelkulturen auf den ständig wasserbedeckten Flächen im Wattenmeer an. Dort wachsen junge Miesmuscheln, die von den Wildbänken abgefischt werden, schnell heran und können abgeerntet werden.

Doch das Abfischen der Wildmuscheln bleibt nicht ohne Folgen: Der Meeresboden wird geschädigt und den Küstenvögeln, die sich im Nationalpark Wattenmeer satt fressen sollen, wird eine ihrer Futterquellen entzogen. Wesentlich umweltschonender ist die Miesmuschelzucht in Hängekulturen, die Länder wie Norwegen, Irland, Schottland und Frankreich erfolgreich praktizieren.

Auster

Eine japanische Delikatesse

Lange war die berühmte Meeresfrucht verschwunden, jetzt ist sie wieder da: die „Original Sylter Auster". Vor 100 Jahren bekam man allerdings unter diesem Namen eine ganz andere Austernart serviert als heute, nämlich die heimische Europäische Auster.

Asiatische
Zuchtaustern

Als die wegen Überfischung das Handtuch warf, versuchte man andere Arten einzubürgen und hatte schließlich Erfolg mit der aus Japan eingeführten Pazifischen Auster. Sie wird seit Mitte der 1980er Jahre im Sylter Wattenmeer kultiviert.

Allerdings hält es die Austern nicht in ihren Käfigen: Sie breiten sich mit Hilfe ihrer frei schwimmenden Larven überall aus. Die Larven lassen sich auf hartem Untergrund nieder, „zementieren" sich fest und beginnen ihre Verwandlung zur beschalten Delikatesse. Mittlerweile sind einige Miesmuschelbänke bei Sylt regelrecht von asiatischen Austern überwuchert. Da freut sich der Feinschmecker und der Wattwanderer bangt um seine Barfüße: Die Schalen der Neuankömmlinge sind sehr scharf und liegen immer häufiger am Wattboden herum.

Austernzucht im Sylter Wattenmeer.

Die Pazifische Auster (Crassostrea gigas) erobert die Miesmuschelbänke.

Wale und Robben

Säugetiere in Fischform

Dass der „Walfisch" kein Fisch ist, weiß heute jedes Kind. Der Wal in all seinen Spielarten ist ein Säugetier, das vom Landleben wieder ins Wasser zurückgekehrt ist. Doch warum haben Meeressäuger so verblüffende Ähnlichkeit mit Fischen?

Beide Gruppen haben sich optimal an das Leben im Wasser angepasst. Wer schnell und energiesparend schwimmen

Zurück
ins Wasser

will, entwickelt einen stromlinienförmigen Körper, der dem Wasser möglichst wenig Widerstand entgegen setzt. Das gilt für Fische genauso wie für Säugetiere. Ferner braucht man Flossen zum Steuern und Stabilisieren sowie einen Antrieb. Die Wale nutzen dazu ihre große Schwanzflosse, die Fluke. Diese setzt waagerecht am Körper an und schlägt auf und ab – anders bei den Fischen, deren Schwanzflosse senkrecht steht und seitwärts schlägt. Der Effekt ist aber der gleiche: Wale wie Fische schlagen sich damit schnell und elegant durchs Leben.

Um wieder wie Fische auszusehen, mussten die Wale allerlei Anhängsel loswerden: Ihre Vorderbeine sind zu Flossen umgestaltet, Hinterbeine, Ohren und Haare sind reduziert. Der Körper ist von einer dicken Speckschicht eingehüllt. Dieser Blubber isoliert und schützt vor Auskühlung. Wale halten wie alle Säugetiere ihre Körpertemperatur konstant. Die kaltblütigen Fische tun das nicht.

Ein Tribut, den die Wale ihrer Herkunft vom Lande zollen, ist das Luftholen. Sie atmen wie wir Luft durch Lungen, können aber lange tauchen, Pottwale sogar über zwei Stunden. Ihre Jungen gebären die Wale unter Wasser und säugen sie mit sehr fettreicher Muttermilch.

Auch die Robben haben sich auf ähnliche Weise an das Element Wasser angepasst. Allerdings nicht so vollständig wie die Wale. Sie bringen ihre Jungen an Land zur Welt und bewegen sich auch auf festem Boden. Auf ihren Flossen können sie ans Ufer „robben" – ein eher unbeholfenes Vorwärtsschieben. Im Wasser hingegen sind sie gewandte Schwimmer.

Schweinswal (Tümmler)

Der Wal vor unserer Haustür

Die kleinen Schweinswale ähneln Delphinen – denkt man sich deren lange Schnauze weg. Sie leben in der Nordsee und der westlichen Ostsee. Eine besonders beliebte Kinderstube ist das Seegebiet vor Sylt und Amrum. Hier lassen sich im Sommer Walmütter mit ihren Sprösslingen beobachten, wenn sie nahe am Strand ihre Runden ziehen. Zu sehen ist meist nur ihre Rückenflosse, die beim Atem holen aus dem Wasser ragt.

Ähnlich wie Fledermäuse navigieren Schweinswale mit Echoortung: Sie senden Ultraschalllaute aus und nehmen das reflektierte Echo wahr. So können sie sich auch bei schlechter Sicht orientieren. Beispielsweise, wenn sie im trüben Nordseewasser Fische jagen.

Leider schützt sie auch dieses ausgeklügelte System nicht vor der größten Gefahr: den Fischernetzen. Tausende von Schweinswalen sterben jährlich in Stellnetzen, in

*Lärm
macht krank*

denen sie sich verfangen und ertrinken. Mittlerweile gehören sie bei uns zu den stark gefährdeten Arten. Auch der zunehmende Unterwasserlärm ist für die empfindlichen Ohren der Wale eine echte Plage. Dauerbeschallung macht nicht nur uns Menschen krank.

Schweinswal (Phocoena phocoena)

Seehund

Das Wappentier des Wattenmeeres

Auf einer Ausflugsfahrt zu den Seehund-
bänken kann man sie beobachten: Seehunde räkeln sich genüsslich auf dem Sand,
ruhen sich aus und tanken Sonne. Zu dicht
dran dürfen die Schiffe aber nicht fahren,
weil sich die Tiere sonst erschrecken und
ins Wasser flüchten. Das ist vor allem für
die Seehundbabys schlimm, die im Juni auf
Sandbänken geboren werden. Sie müssen
regelmäßig mit der sehr fetthaltigen Muttermilch gesäugt werden, um schnell Speck
anzusetzen und selbstständig zu werden.

Abstand halten

Muss die Mutter fliehen, ruft das Robben-
baby sie mit heulenden Lauten, daher der
Name „Heuler". Doch verlassen ist der Heuler meist nicht: Seine Mutter sucht ihn
schon. Also nie zu dicht an ein Robbenkind
herangehen. Abstand halten, damit die
Familie wieder zusammenfindet.

Die Seehunde jagen unter Wasser Fische,
Tintenfische und Krebse. Dazu tauchen sie
bis zu 90 Meter tief und über eine halbe
Stunde lang, bevor sie zum Luftholen wieder auftauchen müssen.

*Unwiderstehlich – der Seehund ist ein echter
Sympathieträger.*

Seehunde (Phoca vitulina) auf einer Sandbank.

Kegelrobbe

Die Robbe mit den weißen Babys

Kegelrobben haben im Unterschied zu den Seehunden einen kegelförmigen Kopf, ansonsten ähneln sich beide Arten. Im Winter finden sich Kegelrobben an den Küsten zu kleinen Kolonien zusammen, um sich fortzupflanzen. Die Jungtiere haben ein weißes Fell.

Früher war die Kegelrobbe an den Küsten des Nordatlantiks weit verbreitet. Heute ge- hört sie zu den gefährdeten Arten und steht unter Naturschutz. Bei uns gibt es Kegelrob-

Seltene Gäste

ben selten in der Nordsee und als Gäste in der südlichen Ostsee. In der nördlichen Ostsee kommen sie noch etwas häufiger vor.

Kegelrobbe (Halichoerus grypus) mit Jungtier.

Gräten-Dschungel

Fischführer: Welcher Fisch darf auf den Tisch?

Wo fischt Fischers Fritze noch frische Fische? Vielerorts räumen Fabrikschiffe die Ozeane leer und dringen auch in entlegene Regionen und große Tiefen vor. Viele Fischbestände stehen vor dem Kollaps. Wer nachschaut, welcher Fisch unter der Panade oder in der Reisrolle steckt, der kommt ganz schön ins Grübeln. Doch es gibt einen schmackhaften Mittelweg zwischen blindlings Einkaufen und völligem Verzicht.

10. Mai, Château Whistler, Kanada. Geheime Krisensitzung. Etwas wendet das Leben im Meer gegen den Menschen. Unerklärliche Vorfälle häufen sich. Doch wer oder was löst sie aus? Die Führungsmacht USA will die Kontrolle zurück und ruft die Experten weltweit zusammen. Major Salomon Peak fasst zusammen:

„. . . Alles kuriose Einzelfälle, sollte man meinen. Aber wenn wir die Einzelfälle weltweit zusammenrechnen, haben Fischschwärme in den letzten Wochen mehr Boote versenkt als je zuvor. Die einen sagen, Zufall. Die Schwärme kämpfen um ihr Überleben. Andere schauen auf den immer gleichen Ablauf und erkennen eine Art Strategie. Wir schließen nicht aus, dass sich die Tiere fangen lassen, weil sie die Schiffe zum Kentern bringen wollen."

„Das ist doch Blödsinn!", rief ein Vertreter Russlands ungläubig. *„Seit wann haben Fische einen Willen?"*

„Seit sie Trawler versenken", erwiderte Peak knapp . . ."

Trawler versenken die Fische nur in Frank Schätzings Bestsellerroman „Der Schwarm".

Nicht in der realen Unterwasserwelt. Dabei hätten sie allen Grund dazu. In nur einer Generation hat der Mensch es geschafft, die einst unerschöpflichen Ozeane fast bis zur Neige zu plündern.

Drei Viertel der Fischbestände sind maximal befischt oder überfischt

Nach Angaben der Welternährungsorganisation der Vereinten Nationen (FAO) sind weltweit drei Viertel der kommerziell gehandelten Fischarten bis an ihre Grenzen befischt oder bereits überfischt.

Leere Meere

140 Millionen Tonnen Fische und Meeresfrüchte landen pro Jahr auf den Tellern der Welt. Als Fast Food oder zelebrierte Delikatesse, als Schweineschnitzel oder Hähn-

Die Fischerei hinterlässt deutliche Spuren – in den Meeren und am Strand.

chenbrust von Tieren, die mit Fischmehl gemästet wurden. Für fast die Hälfte der Erdbewohner zählen Fisch und Meeresfrüchte zur wichtigsten Proteinbasis der täglichen Nahrung. Tendenz steigend.

In Deutschland verspeist jeder Bundesbürger durchschnittlich rund 16 Kilogramm Fisch im Jahr – und liegt damit etwa beim weltweiten Mittelwert. Spanier und Portugiesen essen drei bis vier Mal so viel, Isländer fast das Sechsfache. Nur: Lange werden die Meere das wachsende Verlangen nicht mehr stillen können.

Bereits jetzt ist Fisch teurer geworden. Und in der Fischtheke hat sich einiges verändert. Die Fische sind immer kleiner geworden – sofern es sich um Wildfänge und nicht um Zuchtfische handelt. Die Entfernungen, aus denen der Fisch zu uns geliefert wird, sind immer größer und die Fischarten immer exotischer geworden.

Zu viele Fischtrawler jagen zu wenig Fisch

Wichtigste Ursache für die Überfischung sind die massiven Überkapazitäten der Fangflotten. Seit 1970 hat sich die Kapazität der Fischereiflotte weltweit verdoppelt. Vier Millionen Fischerboote sind in den Meeren unterwegs. Nur halb so viele dürften es nach Expertenmeinung sein, um eine nachhaltige Befischung zu gewährleisten.

*Fischfang
als Industrie*

Den Hauptteil der Beute in den Ozeanen machen die Trawler der industriellen Fischerei – Fischers Fritze hat das Nachsehen. Mit modernster Technik hochgerüstete Fangflotten stoßen in immer neue Regionen und immer größere Tiefen vor. Durch

<u>Von der Handarbeit zum Massenfang</u>

Gefischt haben die Menschen schon immer. Fischgräten und Muschelschalen in steinzeitlichen Abfallhaufen zeugen davon, ebenso dazu gehörige Fischspeere, Angelhaken, Harpunen und Netze. An der Küste war frischer Seefisch schon immer ein Grundnahrungsmittel. Ins Binnenland hingegen drangen bis zum Ende des 19. Jahrhunderts vor allem gedörrter Kabeljau und Salzhering vor. Erst mit der Industrialisierung der Seefischerei, mit neuen Fang-, Transport- und Konservierungsmethoden kam der frische Seefisch ins Land. Um 1900 fischten in der Nordsee mehr Dampfschiffe als Segelschiffe. Kühlanlagen hielten die Fische nun wesentlich länger frisch.

Die zweite Industrialisierung der Fischerei begann in den 1950er Jahren: Motorenleistung und Tonnage wurden erhöht und neue Fangnetze aus leichten, aber strapazierfähigen Kunststoffen eingesetzt und mit hydraulischen Netzwinden gezogen. Das Radar ermöglichte nun selbst im dichten Nebel freie Fahrt, und das Echolot spürte die Fischschwärme in großen Tiefen auf.

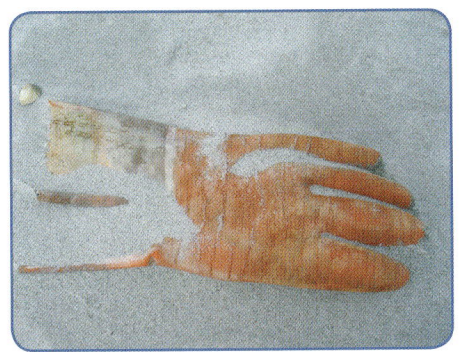

Echolot, Satellitennavigation oder Flugzeuge gelotst, stöbern die schwimmenden Fabrikschiffe fast alles auf, was Flossen hat. Sie durchkämmen das offene Meer mit Netzen, in die zwölf Jumbo-Jets hineinpassen würden. Die Folgen dieser massiven Technik-Aufrüstung sind fatal. Regelmäßige High-Tech-Fischzüge können Bestände, die Jahrhunderte lang die traditionelle Fischerei verkrafteten, innerhalb von wenigen Jahren zusammenbrechen lassen.

Bodenschleppnetze zerstören den Artenreichtum am Meeresgrund

Besonders zerstörerisch sind die Bodenschleppnetze: Mit bis zu 100 Meter breiten Öffnungen schlucken sie alles vorhandene Leben, tonnenschwere Ketten, Netze und Stahlplatten zerpflügen die Artenvielfalt am Meeresgrund – auch Jahrtausende alte Kaltwasserkorallen, Muscheln, Schwämme

Wer alles einsackt, hinterlässt Zerstörung

und andere Meerestiere, die langsam wachsen und sich in einem zerstörten Gebiet nur schwer wieder ansiedeln.

Würden wir an Land ähnlich grobschlächtig auf die Jagd gehen, hieße das: die Wälder abholzen, um Wildschweine zu jagen; ein riesiges Netz über Felder und Wiesen ziehen, um Rehe oder Kaninchen einzufangen – den Bauernhof nebst Hofhund, Pferd und Hausbesitzer hätte man dann auch gleich mit im Netz, Sträucher, Bauerngarten und Getreide wären platt.

Millionen Tonnen Meerestiere gehen als „Müll" über Bord

Die wahllose Methode, mit Netzen einfach alles einzusacken, führt dazu, dass jährlich Millionen Tonnen Fisch und andere Meerestiere wie Müll wieder über Bord geworfen werden. Je nach Zielart und Fangmethode holen die Fischer vieles aus dem Meer, das sie gar nicht brauchen können: Fische, die unter der gesetzlich vorgeschriebenen Mindestgröße liegen, oder der „falschen" Art angehören, aber auch Tintenfische, Schnecken, Schlangesterne, Seevögel, Meeresschildkröten, Kleinwale und Delphine. Sehr viel unerwünschter „Beifang" fällt auch bei der Fischerei mit den so genannten Langleinen an. Dazu spulen Fangschiffe viele Kilometer lange Leinen ins Meer, gespickt mit tausenden Haken, an die Thunfische, Schwertfische oder die wertvollen Schwarzen Seehechte beißen

sollen. Doch auch unzählige Albatrosse, Haie und Schildkröten schnappen nach den Ködern und verenden sinnlos.

Nur in einigen Ländern wie Norwegen oder Island muss der Beifang aus einigen Fischereien an Land gebracht werden, wo er verkauft oder zu Fischmehl verarbeitet werden kann. Hingegen erlaubt unter anderem die Europäische Union, den Beifang größtenteils gleich auf See wieder über Bord gehen zu lassen. Die Laderäume der Schiffe wären andernfalls zu schnell gefüllt, die Profite zu niedrig. Bei manchen Fischereien bestehen bis zu 90 Prozent der Beute aus halbtotem oder totem Beifang.

*Beifang
stirbt sinnlos*

Die großen Fischarten sind zu 90 Prozent ausgelöscht

Am meisten haben die großen Wanderer und Räuber des Ozeans unter der industriellen Fischerei gelitten: Thun- und Schwertfisch zum Beispiel, Kabeljau, Marlin, Heilbutt und Haie. Die meisten dieser großen Arten sind, laut einer im Fachjournal „Nature" veröffentlichte Analyse, in nur fünf Jahrzehnten zu 90 Prozent ausgelöscht worden.

Planktonsuppe und Quallensandwich

Die Fänge haben sich daher weltweit deutlich verändert: Während große und wertvolle Fische immer seltener werden, steigt die Bedeutung der kleinen Fische. „Fishing down the food web", so formulieren es Daniel Pauly und Jay Maclean in ihrem Buch „In a Perfect Ocean" und meinen damit, dass die Fischer zunächst Jagd auf die großen Raubfische machen, mit denen sich gutes Geld verdienen lässt. Sind die weggefischt, weicht man auf die nächstkleineren Arten aus und so weiter. Sind schließlich auch die kleinen Planktonfresser wie Sardine, Sardelle & Co. eliminiert, muss die Menschheit auf den Geschmack von Planktonsuppe kommen oder den Gaumenkitzel von Quallensandwich entdecken.

Tiefseefische sind besonders schnell überfischt

Um die Netze voll zu kriegen, dringen Industriefangschiffe in immer entlegenere Regionen der Ozeane bis hinab in die kalte dunkle Tiefsee vor. Selbst in über 1500 Metern Tiefe sind moderne Trawler auf der

Strandkunst und Warnsignal: Plastiknetze verrotten nicht.

Jagd nach Tiefseefischen, die über 100 Jahre alt werden können, langsam wachsen und erst spät geschlechtsreif werden. Das macht sie besonders empfindlich gegenüber intensiver Fischerei. Die Tiefseefischerei brachte schon innerhalb weniger Jahre Arten wie den Granatbarsch an den Rand des Zusammenbruchs. Ob sich solche geschädigten Bestände wieder erholen können, ist fraglich. Trotzdem wird weiter Jagd auf die Fische der Tiefsee gemacht.

*Kahlschlag
in der Tiefsee*

Piratenfischer erbeuten bis zu einem Drittel des Gesamtfangs

Die ohnehin kritische Situation von zuwenig Fisch, zu vielen Fischtrawlern und zu hohen Fangquoten wird noch verschärft durch die Piratenfischerei, die „illegale, unregulierte und undokumentierte Fischerei". Piratenfischer sind häufig unter dem Banner von Billigflaggenländern unterwegs, die keinem internationalen Fischereiabkommen beigetreten sind. Sie halten sich nicht an Fangquoten und andere Bestimmungen, und sie versuchen sich allen Kontrollen durch Küstenwachen oder Fischereibehörden zu entziehen. Bei einigen Fischarten werden die illegalen Fänge mittlerweile auf bis zu 30 Prozent des Gesamtfanges geschätzt.

Piratenfischer operieren häufig in entlegenen, schwer kontrollierbaren Gebieten oder in den Hoheitsgebieten von Ländern, die nicht in der Lage sind, diese zu überwachen. Aber auch EU-Fischer betreiben in

Illegale Fänge

heimischen Gewässern illegale Fischerei weit über den Fangquoten. Begehrte Beute sind ohnehin gefährdete Arten wie der Ostseedorsch oder der Blauflossenthunfisch aus dem Mittelmeer.

Illegale Fischerei gilt als eine der größten Gefahren für das Überleben der Fischbestände in den Weltmeeren. Zudem ist sie ein Riesengeschäft. Bis zu zehn Milliarden Euro werden durch den Handel mit Schwarzfängen jedes Jahr weltweit verdient.

Europas Gewässer sind leer gefischt

Um die Fische in den Gewässern der Europäischen Union steht es schlecht: 88 Prozent der Bestände sind überfischt – und das, obwohl diese Region die längste Tradition in Fischereimanagement und -forschung hat. Auch Nord- und Ostsee gehören dazu, beide zählen zu den am stärksten genutzten Meeresgebieten der Welt.

Seit Jahren empfehlen die Experten des Internationalen Rats für Meeresforschung (ICES), die Fangquoten für viele Fischbestände zurückzuschrauben und besonders

Eine Lobby
gegen die Vernunft

gefährdeten Arten ein paar Jahre strikte Ruhe zu gönnen. Aber die europäischen Politiker legen immer wieder Fangquoten

fest, die über diesen Empfehlungen liegen. Die übergroße Fangflotte sorgt für Zugeständnisse wider den wissenschaftlichen Rat. Insbesondere in starken Fischereinationen wie Spanien oder Frankreich bringt die Fischereilobby die Politik immer wieder auf Kurs.

Zwar versucht die Europäische Union durch ausgefeilte Stilllegungspläne die Fangkapazitäten zu reduzieren, andererseits wird die Modernisierung der vorhandenen Trawler großzügig subventioniert.

Nachhaltige Fischerei hilft allen

Worauf all dies zusteuert, ist nicht schwer zu erraten: Wird der Raubbau in den Ozeanen nicht bald gezügelt, löschen die Fischer in aller Welt ihre eigene Existenz aus, und ein Großteil der Meereswirtschaft wird in absehbarer Zeit zusammenbrechen.

Dabei mangelt es nicht an Analysen, Ansätzen und Vorschlägen für eine nachhaltige Nutzung der Meeresreichtümer. Nachhaltig bedeutet, einen Fischbestand als „Kapital" zu betrachten, von dem nur die

*So viel fischen,
wie nachwachsen kann*

„Zinsen" abgeschöpft werden, so dass der Bestand dauerhaft erhalten bleibt. Die „Zinserträge" sind hoch, denn viele wichtige Speisefische haben ein hohes Fortpflanzungsvermögen. Sie produzieren viele Nachkommen, um die hohen Sterblichkeitsraten im Meer auszugleichen. Wird ein Teil der Fische weggefangen, konkurriert der Rest weniger um Nahrung und Lebensraum, wodurch sich die Bestände umso schneller wieder vermehren können.

Überfischung kostet Milliarden – Nachhaltige Fischerei rechnet sich

Die Weltbank und die UN-Welternährungsorganisation FAO rechnen vor: Die Überfischung der Weltmeere kostet jährlich Milliarden Euro. Nach ihrer im Herbst 2008 veröffentlichten Studie gehen der globalen Fischerei wegen schwindender Fischbestände jährlich mindestens 50 Milliarden US-Dollar (36,6 Milliarden Euro) verloren. Für die vergangenen drei Jahrzehnte summiert sich der wirtschaftliche Verlust auf zwei Billionen US-Dollar (1,46 Billionen Euro). Dies entspricht in etwa dem Bruttoinlandsprodukt Italiens.

Die Studie nennt zwei Gründe für die großen Verluste:
- Viele Bestände weltweit sind überfischt. Gibt es weniger Fisch, dann sind die Kosten dafür, die Fische auf-

zuspüren und zu fangen wesentlich höher, als sie sein müssten.
- Die weltweite Fangflotte ist zu groß. Mit der Hälfte der Fangkapazität ließen sich die gleiche Menge Fisch fangen und überflüssige Kosten sparen.

Fazit: Wären die Bestände größer, ließe sich die gleiche Menge Fisch mit deutlich weniger Aufwand, Kosten und Trawlern fangen. Die Fischerei könnte wieder rentabel werden. Das sind stichhaltige wirtschaftliche Gründe für eine nachhaltige Fischerei, die auf gesunde und damit dauerhaft ertragreiche Fischbestände setzt. Dazu müssten, so Weltbank und FAO, Subventionen für überschüssige Fischereikapazitäten abgebaut werden und die derzeit bestehenden Anreize zur Überfischung umgewandelt werden in Anreize für verantwortungsvolles Handeln.

Wird jedoch zu viel gefangen, können die Verluste nicht mehr in gleichem Umfang ausgeglichen werden. Der Fischbestand schrumpft und je kleiner er wird, desto kleiner fällt auch der Zuwachs aus. Derzeit werden viele Fischbestände nicht nachhaltig bewirtschaftet.

Fische wachsen lassen, bevor man sie fängt

Es klingt so einfach: Wenn Fischen wie dem Kabeljau die Zeit zum Erwachsenwerden bliebe, würden auch die Bestände wieder anwachsen und könnten mit weniger Aufwand gefangen werden. Der Kabeljau darf bereits ab einer Größe gefangen werden, bei der die meisten seiner Art noch gar nicht geschlechtsreif sind. Viele werden also gefangen, bevor sie sich vermehren können. Ließe man die Fische erst groß werden, wäre der Nachwuchs gesichert und außerdem mehr dran am Kabeljau.

Fischer können höhere Profite erwirtschaften, wenn sie vorübergehend weniger

Weniger
ist mehr

fangen und mehr Tiere im Wasser lassen. Zu diesem Fazit kommen Untersuchungen in den unterschiedlichsten Meeresregionen. Der Mensch muss den Fischbeständen die dringend benötigte Zeit zur Erholung geben, um dann wieder mehr und zugleich nachhaltig fischen zu können.

Schutzzonen helfen dem Meer und der Fischerei

Auf ähnliche Weise wirken sich auch Meeresschutzgebiete positiv aus: Dort, wo so genannte „No take"-Schutzgebiete im Meer eingerichtet worden sind, aus denen keine Organismen entfernt werden dürfen, registrieren Biologen: In kurzer Zeit steigt nicht nur die Zahl der in den Schutzgebieten lebenden Arten, auch die Körpergröße sowie die Populationsdichte der Fische und Wirbellosen nimmt zu. Weil die Reservate die umliegenden Fischgründe mit Jungfischen versorgen, steigt auch der Fangertrag der Fischer. Auf diese Weise unterstützen Meeresschutzgebiete die Fischerei, anstatt sie einzuschränken.

Reservate
für Fischnachwuchs

Langfristig ergänzen sich daher Artenschutz und wirtschaftliche Entwicklung. Derzeit steht nur etwa ein halbes Prozent der Ozeanfläche unter Schutz, nach Meinung vieler Meeresforscher aber müssten es mindestens 20 Prozent sein.

Letztlich entscheidet der Verbraucher

Immer mehr Verbraucher fragen nach Produkten aus umweltverträglicher Fischerei und beeinflussen damit das Angebot. Wenn wir fragen, woher der Fisch kommt, den wir kaufen und wenn wir uns aktiv für nachhaltig gefangenen Fisch entscheiden, dann wird sich das Angebot langsam aber sicher verändern – und so auch die Fischereipolitik. So können Verbraucher helfen, die Plünderung der Ozeane zu stoppen.

Gute Wahl: Fischprodukte mit MSC-Siegel.

Schon jetzt gibt es Beispiele für natur-verträgliches Fischereimanagement, das nicht einzelne Fischarten betrachtet, sondern das gesamte Ökosystem Meer. Es ist

Die Nachfrage
lenkt das Angebot

möglich, große Mengen Fisch zu fangen und gleichzeitig dafür zu sorgen, dass immer genügend davon nachwächst. Wer Fisch aus nachhaltigem Angebot bevorzugt, lenkt den Markt ein Stück weiter hin zur naturverträglichen Fischerei, die auch in vielen Jahren noch Fische und Meeresfrüchte anbieten wird.

Das MSC-Siegel bürgt für nachhaltig gefangenen Fisch

Industrie und Naturschutz haben gemeinsam den Weg zum Umdenken geebnet: 1997 gründeten der Nahrungsmittelkonzern Unilever und die Umweltorganisation WWF den *Marine Stewardship Council* (MSC).

Heute ist der MSC eine unabhängige Organisation, die sich weltweit für eine nachhaltige und verantwortungsvolle Fischerei

MSC-Fisch
ist eine gute Wahl

einsetzt. Der MSC zeichnet jene Fischereibetriebe mit einem Gütesiegel aus, die das Meer nicht überfischen, möglichst umweltverträglich fischen und eine nachhaltige Nutzung ermöglichen. Und er verleiht das Siegel für Produkte, die auf Fänge dieser

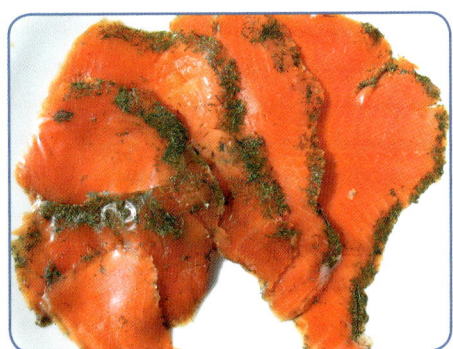

Flotten zurückgehen. Die MSC-Zertifizierung ist freiwillig und steht allen Fischereien offen.

Fischprodukte mit dem MSC-Siegel gibt es auch in vielen Supermärkten. Etwa die beliebten Fischstäbchen aus Alaska-Seelachs oder Produkte aus Wildlachs. Große internationale Handelsketten und Verarbeiter bieten mittlerweile MSC-Produkte an, denn die Nachfrage steigt. Man muss also gar nicht lange nach dem ovalen blauen MSC-Siegel mit dem stilisierten weißen Fisch suchen. Aktuelle Übersichten der zertifizierten Fischarten und Fischprodukte gibt es auch im Internet (siehe Infobox auf Seite 121).

Farmfisch? Aber bitte „bio"!

Große Erwartungen ruhen auf der Aquakultur: Kann sie, bei weltweit steigendem Fischbedarf, die leer gefischten Ozeane entlasten? Schon jetzt stammt fast jedes zweite Meeres- oder Süßwassertier, das von Menschen gegessen wird, aus der Zucht. Und die Branche wächst wie keine zweite Nahrungsmittelbranche auf der Welt.

Doch die intensive Form der Fischzucht steht der Massentierhaltung an Land in nichts nach: Sie produziert schadstoffhaltige Abfälle, verursacht Krankheiten und Tierseuchen, verbraucht Chemikalien und hat mit artgerechter Tierhaltung nichts zu tun. Die Fische werden dicht gedrängt in schwimmenden Netzkäfigen gemästet. Berge von Kot- und Futterresten verseuchen den Meeresgrund. Besonders aus den zahlreichen Lachszuchten entweichen immer wieder Käfiginsassen nebst Schädlin-

1999 wurden die weltweit ersten Öko-Shrimps von Naturland zertifiziert. Mittlerweile gibt es Öko-Shrimpfarmen in Ecuador, Peru, Vietnam, Indonesien und Brasilien. Das Abholzen von Mangroven ist verboten, die Garnelen werden naturnah und artgerecht gehalten. Mehr Infos: www.naturland.de

Mehl aus dem Meer

Ein Viertel der alljährlich in den Ozeanen gefangenen Fische endet in Fischmehlfabriken. Der größte Teil der in Aquakulturen gezüchteten Speisefische und Shrimps wird mit Fischmehl und Fischöl gefüttert. Auch Schweine, Hühner und Rinder bekommen das Mehl aus dem Meer serviert – ob sie wollen oder nicht.

Im Nordostatlantik, im Mittelmeer und vor den Küsten Chiles und Perus rücken ganze Flotten aus, um den enormen Bedarf an Futterfischen zu decken. Millionen von Tonnen Anchovis, aber auch Holzmakrelen, Sandaale, Blaue Wittlinge, Sprotten und Heringe gelangen jedes Jahr in die Fischmehlfabriken. Wenn aber diese kleinen Fische weggefischt sind, fehlt eine wichtige Nahrungsquelle für frei lebende Speisefische wie Kabeljau und Heilbutt. Auch Delfine, Schwertwale und Seevögel finden dann zu wenig Nahrung. Außerdem verfangen sich in den feinmaschigen Netzen der Industriefischerei auch Jungtiere diverse Speisefischarten.

gen und bedrohen die Existenz der wildlebenden Lachse.

Noch weitere Zerstörungen verursacht die Mast von Garnelen, den beliebten Shrimps. Um Platz für die Zuchtbecken zu

Intensive Fischzucht belastet die Meere

schaffen, wurden in großem Maßstab südamerikanische und asiatische Mangrovenwälder zerstört und in chemieverseuchte Kloaken verwandelt.

Auch für die wildlebenden Fischbestände bietet die Aquakultur nicht unbedingt Entlastung. Bei der Zucht von Raubfischen wie Lachs, Kabeljau, Heilbutt oder Thunfisch werden mehrere Kilo Wildfisch verfüttert, um ein Kilo Farmfisch anzumästen.

Doch es geht auch anders. Fischbauern bemühen sich mit zunehmendem Erfolg, den Wildfischverbrauch durch pflanzliche Futteranteile zu verringern. Ökosiegel weisen Zuchtbetriebe aus, die keinen Wildfisch verfüttern, sondern beispielsweise Reste aus Filettierbetrieben nutzen. Bio-Aquakulturen lassen den Farmfischen mehr Platz

Bio-Zuchtfisch ist eine gute Wahl

zum Schwimmen und verzichten auf Antibiotika, Pestizide und andere Chemikalien – das verbessert nicht nur die Lebensqualität der Fische, sondern auch die Fleischqualität. Werden die Käfige regelmäßig verschoben, kann sich der Meeresboden darunter wieder erholen.

Biofisch aus Zuchtanlagen, die Kriterien für die umweltgerechte Fischhaltung erfüllen, ist also schmackhaft, unbelastet und empfehlenswert. Entsprechende Produkte sind mit den geschützten Bezeichnungen „Bio" oder „Öko" gekennzeichnet und schon in Supermärkten erhältlich, zum Beispiel von Naturland oder Bioland. In den Regalen tummeln sich beispielsweise Öko-Forellen, Öko-Lachs, Öko-Doraden, Öko-Wolfsbarsch, Öko-Tilapia, Öko-Pangasius und Öko-Shrimps.

Mehr Infos zum Fischkauf

www.wwf.de
Der WWF bietet im Themenbereich Meere & Küsten den aktuellen Einkaufsführer Fisch zum Herunterladen, außerdem ausführliche und aktuelle Informationen zum Thema Fisch.

www.greenpeace.de
Auch Greenpeace bietet einen aktuellen Fischführer zum Herunterladen sowie umfassende Informationen zur Fischerei im Themenbereich Meere an.

www.msc.org/de
Auf den Seiten des *Marine Stewardship Council* (MSC) finden sich nach Ländern aufgeteilte Übersichten zu den Fischprodukten mit MSC-Siegel, außerdem Marken und Handelsketten, die diese anbieten.

Fischführer: Welcher Fisch darf auf den Tisch?

MSC- und Bio-Siegel geben eine gute Orientierung für den Fischkauf. Außerdem gibt es verschiedene Einkaufsführer im Internet, z.B. vom WWF oder von Greenpeace, die regelmäßig aktualisiert werden und eine schnelle Übersicht bieten. Fischarten, die im Handel erhältlich sind, werden nach Kriterien für nachhaltige Fischerei oder Zucht bewertet. Je nachdem wie streng man den Maßstab anlegt, ist diese Bewertung nicht immer einheitlich, auch schwanken manche Empfehlungen mit dem aktuellen Zustand der Bestände.

Eine schnelle Übersicht bietet die „Fischampel" vom WWF:

Gute Wahl.
Nicht überfischt, gute Zucht, minimaler Umwelteinfluss

Alaska Seelachs	NO-Pazifik	wild, MSC
Dorade, Bio	Mittelmeer	Zucht
Forelle, Bio	Europa	Zucht
Garnele, Eismeer/ Kaltwasser	NO-/NW-Atlantik	wild, MSC
Garnele/Shrimp, Bio		Zucht
Heilbutt		wild, MSC
Hering	NO-Atlantik	wild, MSC
Hering	nördliche, zentrale Ostsee	wild
Kabeljau	NO-Arktis	wild
Kabeljau, Pazifischer		wild, MSC
Karpfen	Deutschland	Zucht
Lachs, Bio	Irland, Schottland, Norwegen	Zucht
Lachs, Alaska		wild, MSC
Makrele	NO-Atlantik	wild
Pangasius, Bio	Vietnam	Zucht
Sardine	NO-Atlantik	wild
Seehecht		wild, MSC
Seelachs/Köhler	Nordsee	wild, MSC
Sprotte	NO-Atlantik	wild
Tilapa, Bio	Honduras, Israel	Zucht
Thunfisch, Weißer		wild, MSC
Wolfsbarsch, Bio	Mittelmeer	Zucht
Zander	Westeuropa	wild, MSC

Zweite Wahl.
Probleme bei Zucht oder Fischerei

Alaska Seelachs	NW-Pazifik	wild
Dorade	Mittelmeer	Zucht
Flunder	Ostsee	wild
Forelle	Chile, Europa	Zucht
Garnele/ Nordseekrabbe		wild
Hering	westliche Ostsee	wild
Kabeljau	Island	wild
Kabeljau, Pazifischer		wild
Kliesche	Nordsee	wild
Kliesche, Pazifische		wild
Lachs	Norwegen, Schottland	Zucht
Lachs, Pazifischer	Ost-Pazifik	wild
Pangasius	Vietnam	Zucht
Sardelle	NO-Atlantik	wild
Schellfisch	Nordsee, Norweg. See, NO-Arktis	wild
Scholle	Nordsee	wild
Scholle, Pazifische		wild
Seehecht	NO-Atlantik	wild
Tilapia	Asien, Afrika, Lateinamerika	Zucht
Thunfisch, Bonito/ Skipjack		wild
Viktoriabarsch		wild
Wolfsbarsch	Mittelmeer	Zucht
Zander	Osteuropa	wild

Lieber nicht.
Stark befischt. Zucht oder Fang belasten die Natur

Aal	Europa	wild, Zucht
Dornhai, Schillerlocke	NO-/NW-Atlantik	wild
Dorsch	Ostsee	wild
Garnele/Shrimp	tropisch	wild, Zucht
Granatbarsch		wild
Hai	weltweit	wild
Heilbutt, Schwarzer/Weißer	NO-Atlantik	wild
Kabeljau	NO-Atlantik, Ostsee	wild
Lachs	Chile	Zucht
Lachs	NO-Atlantik	wild
Lachs, Pazifischer	West-Pazifik	wild
Leng	NO-/NW-Atlantik	wild
Marlin, Blauer	Indopazifik	wild
Rotbarsch	NO-Atlantik	wild
Sardine	Mittelmeer	wild
Schellfisch	NO-Atlantik	wild
Scholle	Ostsee	wild
Schwertfisch	weltweit	wild
Seehecht	SW-Atlantik	wild
Seeteufel	NO-/SO-Atlantik	wild
Seezunge	NO-Atlantik	wild
Snapper	weltweit	wild
Steinbeißer	NO-Atlantik	wild
Thunfisch, Gelbflossen		wild
Thunfisch, Großaugen		wild
Thunfisch, Roter/ Blauflossen		wild, Zucht
Thunfisch, Weißer		wild

124 Register

Acolas, Marie-Laure
  Seite 54 links

Berkel, Alexandra (Boyens)
  Seite 22, 23, 34–40, 42, 44, 45, 47, 48,
  66 rechts

Boyens Bildarchiv
  Seite 97

Deretsky, Zina, National Science Foundation
  Seite 29

Fischinformationszentrum FIZ
  Seite 14, 15, 57, 61, 62, 65, 70 rechts,
  71, 77 unten, 80, 81 unten, 84, 94, 95,
  100, 120 rechts

Geller-Grimm, Fritz
  Seite 28

Greenpeace
  Seite 52 oben © Lizzie Barber/Green-
  peace, 59 © Gacin Newman/Greenpeace,
  60 © Christian Kaiser/Greenpeace, 75 ©
  Bernd Euler/Greenpeace, 92 © Philip
  Reynaers/Greenpeace, 103 und 105 ©
  Armin Maywald/Greenpeace

Gust, Sven
  Seite 53 oben, 76, 77 oben

Hoerschelmann von, Ulrike
  Seite 72

Hussel, Birgit (Stiftung Alfred-Wegener-
  Institut für Polar- und Meeresforschung
  in der Helmholtz-Gemeinschaft)
  Seite 104 oben

Jagow, Reinhold
  Seite 4–5, 9, 16, 26, 32 oben, 49,
  96 rechts unten, 98 links, 99 unten

Jonas, Peter
  Seite 66 links

Janke, Klaus
  Seite 24, 104 unten

Krumbeck, Hartwig
  Seite 96 rechts oben

Lützen, Uwe Jens
  Seite 54 rechts, 55 links

Schories, Dirk
  Seite 2, 56, 63, 64, 69, 70 links, 73, 74,
  78, 79, 81 oben, 82, 83, 85, 86, 87, 88,
  89, 90, 91, 96 rechts Mitte

Wilhelmsen, Ute
  Seite 10, 12, 13, 17, 18, 19, 21, 30, 46,
  51, 52 unten, 53 unten, 55 rechts, 67,
  96 links, 98 rechts, 99 oben, 101,
  107–120

WWF
  Seite 32 unten, 50 © Simon Buxton
  WWF-Canon

Ute Wilhelmsen
Ebbe und Flut
Die treibenden Kräfte an unseren Küsten
4. Auflage 2007. 92 Seiten, 50 Abbildungen, Broschur,
€ 9,90/sFr 17,40
ISBN 978-3-8042-0797-4

Martin Stock/Hans-Heiner Bergmann/Herbert Zucchi
Watt
Lebensraum zwischen Land und Meer
2007. 192 Seiten, 128 Abbildungen, kartoniert
€ 9,90/sFr 17,40
ISBN 978-3-8042-1224-4

Ute Wilhelmsen
Das Strandbuch
Handbuch für Küstenentdecker
2007. 112 Seiten, 132 zumeist farbige Abbildungen, kartoniert
€ 9,90/sFr 17,40
ISBN 978-3-8042-1183-4

Ute Wilhelmsen
Augen auf! Wir entdecken Strand und Meer
Handbuch für kleine und große Stranddetektive
2007. 132 Seiten, zahlreiche farbige Abbildungen, kartoniert
€ 12,90/sFr 22,60
ISBN 978-3-8042-1206-0